生命誌とは何か

中村桂子

講談社学術文庫

目次

生きものの歴史　生命誌を中心に宇宙から地球、生命、人間に到る流れ。この中に描かれたさまざまな現象は、この歴史の中で重要なできごとである。（CGイラスト：スタジオアール）

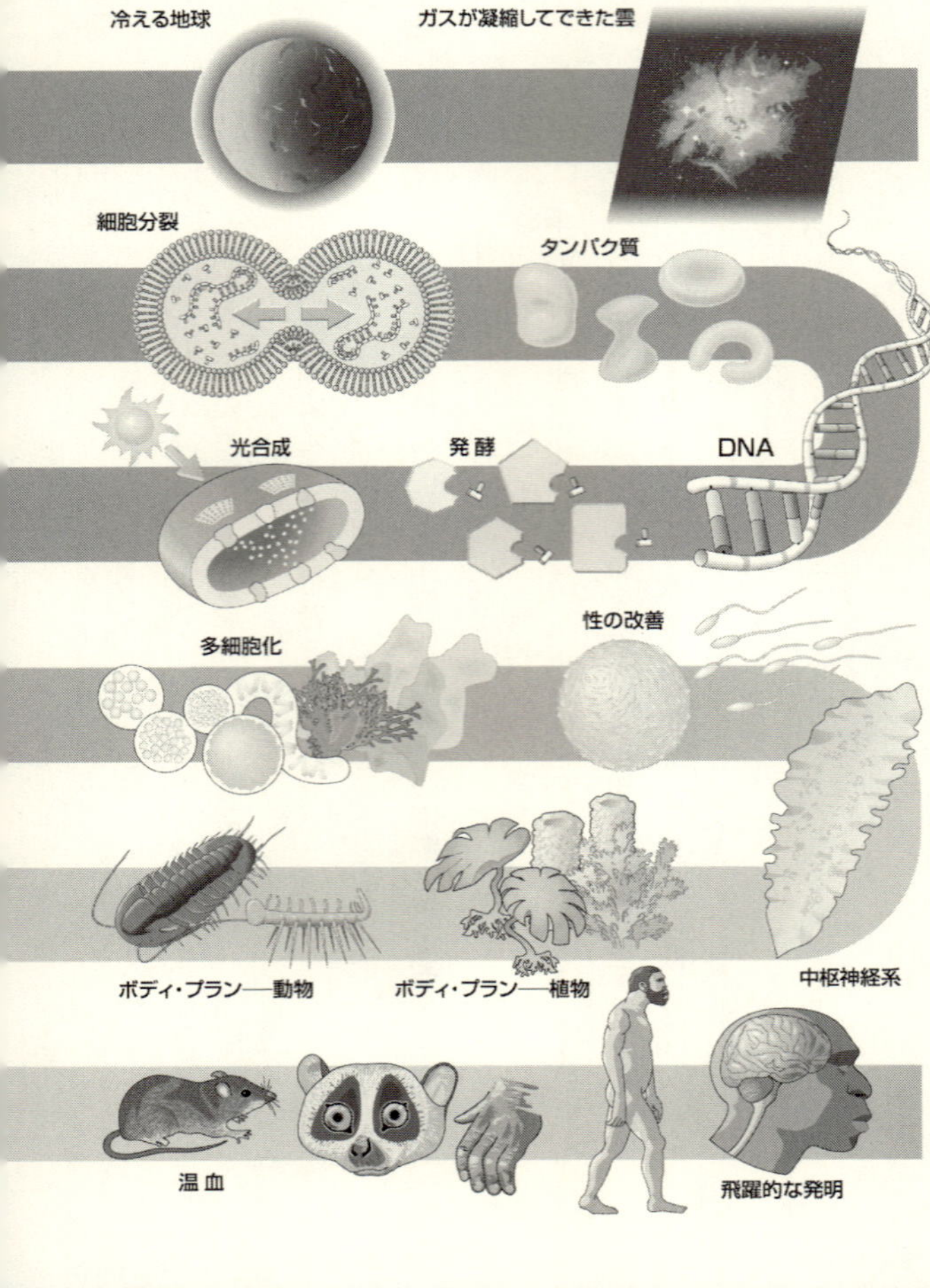

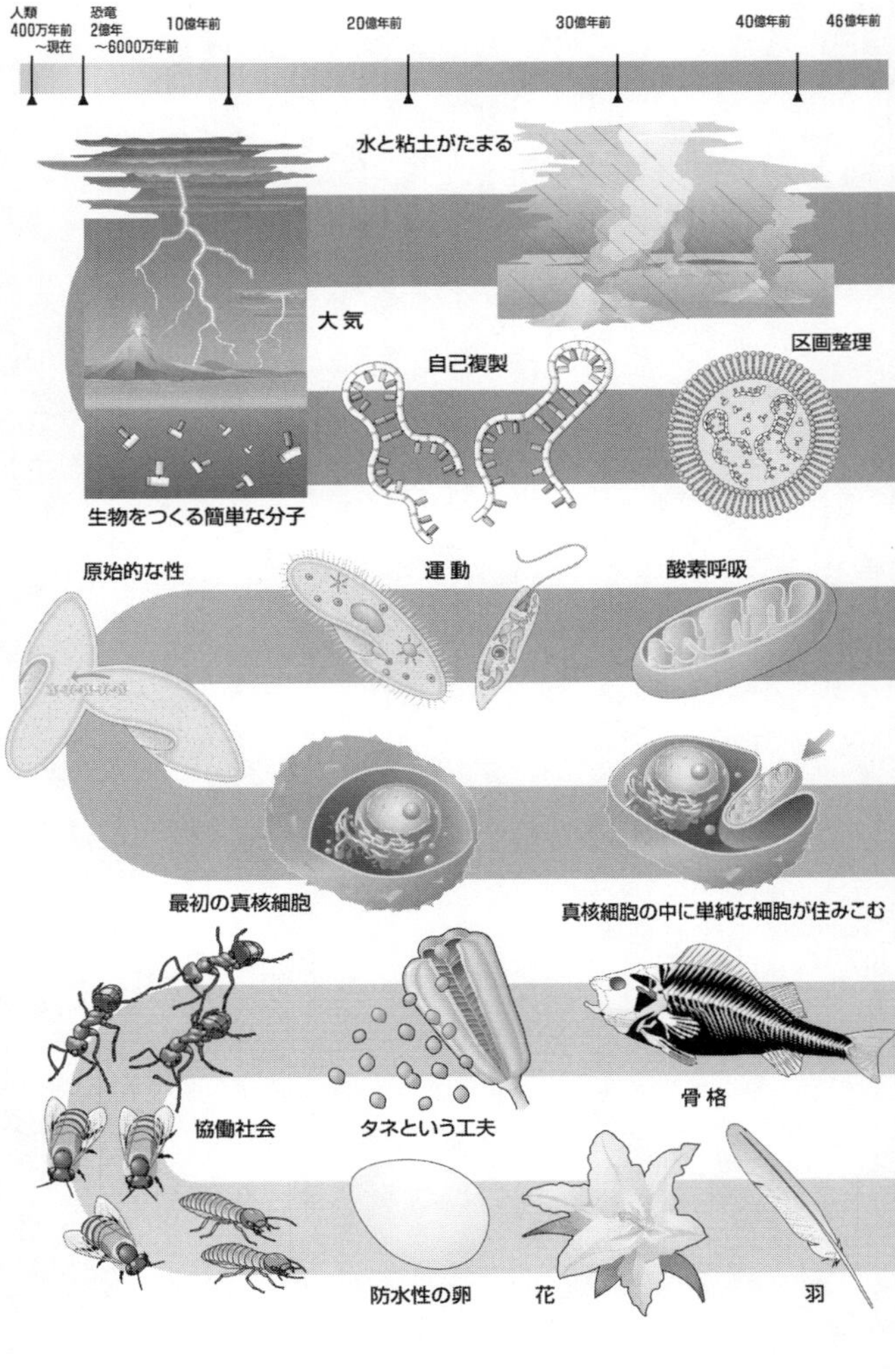

人類
400万年前
～現在
恐竜
2億年
～6000万年前
10億年前
20億年前
30億年前
40億年前
46億年前
水と粘土がたまる
大気
自己複製
区画整理
生物をつくる簡単な分子
原始的な性
運動
酸素呼吸
最初の真核細胞
真核細胞の中に単純な細胞が住みこむ
骨格
協働社会
タネという工夫
防水性の卵
花
羽

生命誌とは何か

はじめに

人間とはおかしな生きもので、私とはなにか、私はどこから来てどこへ行くのか、ということが気になります。別の表現をするなら世界観がはっきりしていないと落ち着かないともいえます。三歳ぐらいの子どもはいつもいつも、ナゼ？ナゼ？と大人を質問攻めにします。自分をとり巻くさまざまなものの意味や関係がわからないので、聞かずにはいられないのでしょう。暫くすると自分なりに世界観ができてくるのでこれはおさまります。子どもの頃は、好奇心が強くて皆天才のように見えるのに、大人になると平凡になってしまうといわれますが、誰もが共有できる、いわば平凡な世界観がなければ困るわけです。

いつだったか、テレビで高校生がなぜ人を殺してはいけないのかと聞いて、大人が答えられなかったということが話題になりました。これは、哲学・宗教などの問題としては、とても難しい内容を含んだものでしょう。でも日常の問いとしては、中学生、高校生になったらしないもの、つまりある世界観ができていれば、それは問わないものなのではないでしょうか。それが急に出てきたので皆が戸惑った。ここで気になるのは、最近、本来自然や人間との関係の中で得られる小さな頃の体験と、ナゼ？ナゼ？の質問によって当然できているはずの世界観がもてなくなっているのではないかということです。つまり現代は皆が共有できる世界観が持ちにくいのではないでしょうか。

実はこれは、昔は神話という形で社会に共有されました。おかしなことをするとバチがあたるのです。もちろん現代社会は、論理の世界であり、科学が優先します。科学的に正しいかどうかが多くの価値判断の基準になっています。けれども困ったことに科学は神話のように、私たちの日常を支える世界観を与えてはくれません。そこで二十世紀が終わろうとする今、次の世紀、いや次の千年紀に向けてどんな歩みをすればよいのか悩みます。政治も経済も科学技術も……目の前の問題を解決しようとすると、どこかにほころびが見えてきます。長期の方向性が欲しい、自分の拠って立つ所をはっきりしたい。そんな思いがわいてきます。

誤解を招くかもしれませんが、あえていうなら、新しい神話をつくる必要があると思うのです。といっても、科学と科学技術を捨てるというのではありません。歴史の中で獲得してきた新しい知識は充分に生かして、しかし、生きる喜びを大切にするための世界観をつくりあげたいと思うのです。そのためには、自然・人間・人工（都市・制度・政治・経済・科学技術など）の関係を明確にする必要があるのではないでしょうか。もちろん、すぐに答えは出ません。しかし、これを考えながら行動することが、新しい生き方への道になるはずです。経済にしても、科学技術にしても、自然との関係はどうなっているか、人間にとって本当に望ましいものになっているかを常に考えながら進めることが望まれます。

それを支える知としては、自然の一部である生きもの、さらに、生きものの一つとしてのヒトを知る「生命科学」が重要な役割を果たすはずです。「二十一世紀は生命科学の時代だ」とはよくいわれることです。私も「生きもの」を知ることが基本であると思っています。しかし科学が、分析・還元・論理・客観を旗印にしているために、そこで行われた生命現象の解明が、まるのままの生きものや人間とはなにかという日常の問いへの答えにつながっていかないもどかしさを感じるのです。たとえば、たった一つの遺伝子で人間の行動、さらには人間そのものを語りたがる最近の風潮は、私たちの生き方を豊かにするものだとは思えません。科学の方法で得られる知識を大切にしながら、それで人間を説明するのではなく、そこから世界観をつくっていけないだろうか。そう思って考えたのが生命科学を包みこんで更に広く展開する「生命誌」です。生命誌とはなにか。それは追い追い語っていきますが、基本を科学に置きながら生物の構造や機能を知るだけでなく、生きものすべての歴史と関係を知り、生命の歴史物語（Biohistory）を読みとる作業です。〝科学〟から〝誌〟への移行にどんな意味があるのか、生命誌から生きものやヒトについてどんなことがわかるのかについてまず考えます。次いで、それが、自然・人間・人工の関係づくりにどうつながっていくのか、そこからどんな社会をつくるのかという課題にも考えを進めます。そしてなによりもそこからどんな世界観を組み立てられるのか。これが最も大事なテーマです。ヨチヨチ歩きを始めたところですので、スパッと答えは出せないかもしれませんが、一緒に考えていただくための素材を提供したいと思います。

研究は、決して世間離れしたものではありません。社会の人々が生きものをどのように見るかということが研究の方向を決め、研究によってわかってきた生きもののあり様が、私たち皆の生きものの見方、更には生き方に反映するという行ったり来たりが大事なのです。

科学は、どういうわけか社会の中に文化として存在していません。科学も音楽、絵画、文学、スポーツなどと同じ文化です。科学を文化として捉え、他の文化活動とも結びつけて、生命誌を豊かなものにする努力もしていこうと思います。知る楽しみ、美しいものを感じる喜びを生命誌の中に見つけ出し、日常の一部にしていただければ幸いです。

第1章　人間の中にあるヒト──生命誌の考え方

私たちは今、人工物に囲まれて暮らしています。そのほとんどが科学技術の産み出したものです。コンピュータ、携帯電話、テレビ、ジェット機。人工物は新しいものをどんどん取り入れていきます。けれども生きものに関する技術は少し違います。なぜなら生きものは、人類がこの世に登場した時にすでに身のまわりに存在しており、以来長い間、私たちは衣・食・住、すべての中で生きものを活用し、仲間としてもつき合ってきたので、その中で培われた「知恵」があるからです。科学技術がつくり出す世界と、古来の経験で支えられる日常感覚との間のずれが大きくなると、多くの人がそこに不安を感じます。

しかし、このずれをどうしたらよいかについての答えは出されていません。すでに生活の中に入っているさまざまな生物関係の技術──たとえば臓器移植、体外受精などの生殖技術、クローン技術や遺伝子組み換え技術──も、どのように使ったらよいのかという判断が、的確になされないままに使われているのが現状です。その解決のために一つ一つの技術をとりあげて、社会的・法的・倫理的な検討をしようといっても、今やその倫理も社会も確たる価値観をもっているようには見えないので混乱します。実は、ここにあげたさまざまな技術のうち、遺伝子組み換えやクローン技術は、それ自体新しい生物研究に有効な――不可欠なといった方がよいかもしれません――技術であり、生物学ではそれを駆使した研究から生きものの新しい姿を探り、新しい価値観を探りつつあります。その現場にいると、生きものってこういうものなんだということが毎日感じとれるといっても過言ではありません。ここで一つ考える必要があるのは、機械などの人工物と生きものの違い、そこから来る科学の捉え方の違いです。

人工物は、論理で組み立てられたものです。コンピュータの難しい理屈を、私は充分理解しているわけではありませんが、それを考え出した人には隅から隅までわかっているのでしょう。機械の中ではある原因があれば、必ずそれに見合った結果が出ます。そこで人工物に囲まれる現代社会では大きな誤解が生まれてしまいました。すべてはわかる、あらゆるものには答えがある、とくに科学はすべてをわからせるものだという誤解です。

実は、生物を含む自然はそうではありません。ですから生物技術を開発したり、使ったりする時にも、機械の場合と同じような感覚をもっていたら過ちを犯す危険性があります。最近は、人工物も非常に大型化・複雑化・高度化しているので、思いもよらない事故という言葉をよく聞くようになりました。更には、大きな地震が起きるとか、環境に影響を及ぼす廃棄物を出すとかいうように、人工物が人工物だけで独立しているわけではなく、自然と関わり合っていることから起きる問題も目立つようになりました。むしろわからないことがあるのだという感覚を基本にした方が、うまくいくのではないかと思います。

「二十一世紀は生命科学の時代」というと、どこか生命についてもすべてを明らかにして、人間が思うように動かせる世界を広げるという意識が感じられますが、「生命誌」はむしろ、わからないところがある面白さを基本にしたいと思っています。わからないと思いながらも、それなりに生活の場を広げて生きてきたその方法を「知恵」と呼ぶとすれば、古来の知恵に支えられた価値観を大事にしながら、なおそれに縛られず、新しい知識を取り入れて、より納得のできる新しい価値観を探したいのです。

一人でできる毎日の研究は小さなことです。生命誌研究館での研究も、後で紹介するように小さなムシや水の中の藻のDNAを調べているだけのことといえばそうなのです。けれどもそこで、ムシや藻のことだけにのめり込んでしまわずに、そこから生きものの本質を読みとり、自然・人間・人工（ここではとくに科学技術）の関係をきちんと考え、とくに人間を見つめ直せるところが面白いのです。生きものの研究をしていると、常に「神は細部に宿る」という言葉が浮かんできます。青臭いようですが、このような小さな生きものの研究を通し、自然とはなにか、人間とはなにか、人間はどこから来てどこへ行くのかと問うてみたいのです。人間誰しもが心の奥にもっているこのような問いが、文学や芸術を産み、哲学などの学問をつくりあげてきたわけですが、科学も同じです。ここでは科学という切り口からこの問題に入っていきたいと思います。

現代の自然を見る目――地球が入る

人間の好奇心が、物の見方、つまり「観」という形で知として体系化されていった対象は、まず宇宙と人間でした。どこの世界にも古代から、特有の宇宙観、人間観がありました。そこにはなにかの秩序があるとされ、宇宙はマクロコスモス、人間はミクロコスモスとして捉えられていたのです。天体については、紀元前六世紀にすでにピタゴラスが世界は球形であり、惑星は回転する透明の球体にはりついて太陽の周囲をまわっていること、その外側にある透明の球体に多くの星がついていることを示し、宇宙を体系化しています。それに対応する体系が人体にもある。レオナルド・ダ・ヴィンチの描いた図は、それを表現しています。

ところで、その間にある地球という存在。今私たちが宇宙と人間の関係を考える時に必ずその間に入り、しかも近年では地球環境問題などで毎日のように話題になる地球は、最近まで、踏みしめている大地として実感されはしても、一つのまとまりとして捉える地球観をもつことはなかったように思います。それが、明らかに変わったのは、やはり一九六一年にソ連が人工衛星ヴォストークを打ち上げ、ガガーリンの「地球は青かった」の名言と共に宇宙にポッカリ浮かぶ星としての地球を人類が実際に見た時でしょう。もちろん、地球が球体の星であることは知っており、地球儀は身近にあっても、本物を見るのはやはり違うということがわかったのも面白いことです。これは知っているとはどういうことか、という問題として大変面白いテーマですが、ここでは深入りを避けます。以来、アメリカのアポロ計画で、月からの地球を見た宇宙船の乗員が口をそろえて、「生きていることを感じさせる球体」と表現する地球観を、私たちも言葉や映像を通じて共有できるようになりました。

一方、これはあまり嬉しいことではないのですが、地球環境問題が起き、先進各国で使われた化学物質が、開発途上国の大気や海はもちろんのこと極地でも検出されるとか、熱帯雨林の消失が地球全体を覆う大気の二酸化炭素量に関わるなど、地球を一つとして考えざるを得ない現象がつきつけられています。一方、人間が地球上に暮らす多くの生物の一つであることもDNAの研究からはっきりしてきました。こうして今では、宇宙・地球・生物・人間というつながりとして自然を捉え、そこから私たちの「観」――物の見方、考え方――をつくりあげていかなければならなくなりました。この新しい総合的な見方は、二十世紀になってはっきりともてるようになったものです。そして二十一世紀はこれを生かした世界観をもって生きる時代になるでしょう。

宇宙誌・地球誌・生命誌・人間誌

そこで登場するのが科学です。古代ギリシャ以来体系化に努めてきた宇宙や人間について、そしてもちろん地球についても今科学が多くの情報を提供しています。まず、地球上には多様な生命体が存在し生態系をつくっていること、これ抜きで地球は考えられません。地球の大気の組成は、生物が存在するからこそ今のような状態になっているのですし、炭素やチッ素などの物質循環も生物と山や海などの自然とをつないでいます。しかも今のところ、私たちが知る限りでは地球は生命体の存在するただ一つの星です。生態系をつくる多様な生物はすべて共通の祖先から生まれ、ヒトもその一つであることを現代生物学は示しました。原始の地球で生まれた最初の生命体をつくった物質は、宇宙空間に存在する物質とつながっていることも明らかになりました。つまり、「宇宙、地球、生物、人間は実体としてつながっている」という現実が自然観の基本となりました。

ところで、今宇宙はピタゴラスの描いたような固定化したものとして捉えられていないことは多くの方が御存知でしょう。百数十億年前、ビッグバンが起こり、その直後のインフレーション（膨張）を経て、物質とエネルギーに満ちた超高密度、超高温の宇宙ができて以来、その中で数千個といわれる銀河が生まれました。その銀河系（一二〇億年ほど前に誕生）の一つに太陽系が生まれた（四六億年前）のです。これが今科学が描き出す宇宙の歴史物語、つまり宇宙誌の一端です。このような壮大な物語ができるには、相対性理論はもちろんですが、量子論が不可欠だったというのは興味深いことです。物質の本質を求めてミクロの世界をつきつめていったら、その先にマクロの世界である宇宙が見えてきたところに、自然の面白さがあり、深さを感じます。

四六億年前に生まれた地球上で、三八億年ほど前に生命体が誕生し、そこから多様

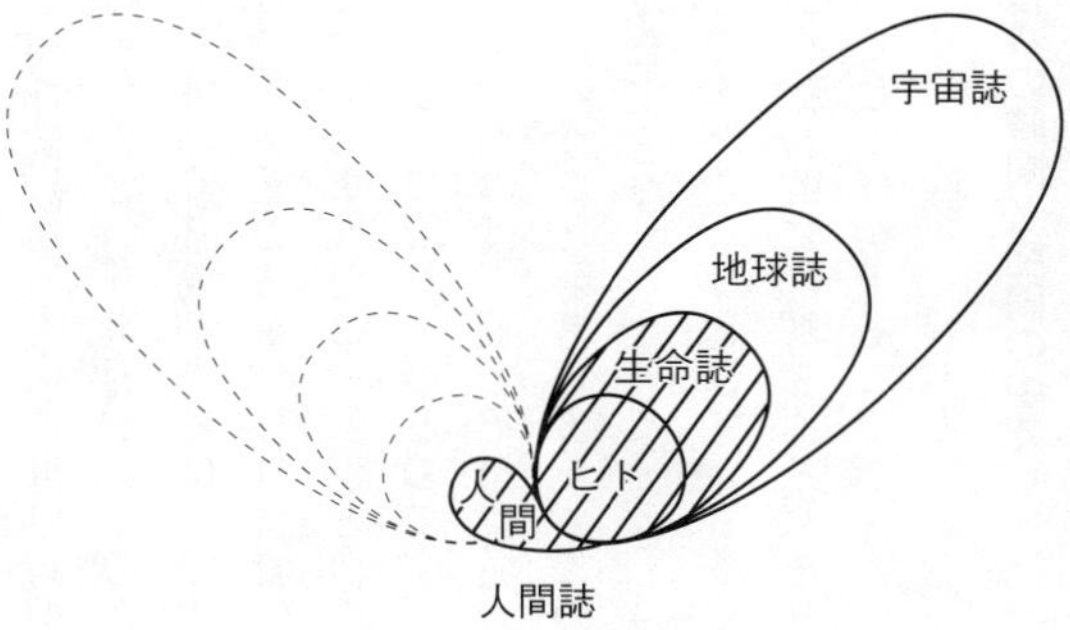

図1—1　宇宙誌・地球誌・生命誌・人間誌

な生きものが生じ、その中でヒトが生まれ、今ここに私たちがいるのです。ヒトは生物の一種ですが、その特徴として、文化や文明をもちます。そのような存在になった時に人間と呼び、またそこにも歴史があります。ここでは、文献に表れた歴史ではなく、残された化石や遺跡、人体そのものなどから人間の歴史が読みとけるようになってきたことも含め、宇宙からの流れで人間を捉えるという意味で人間誌と仮称しておきます。

ここで図1—1を見てください。宇宙誌の中に地球誌があり、その中に生命誌がありま す。そこにヒトがいる。ここまでは自然です。一方、ヒトが文化・文明をもち、人間としての生活を始めて以来、そこには人工の世界ができました。この世界は今どんどん大きくなっていることは先に述べた通りです。それが世界観をつくりにくくしていることにも触れました。実は、世界観をつくれるようにするには人工の世界の相手に生命・地球・宇宙という世界があることを認識し、それとの対応を考えながら新しい世界をつくっていく必要があるはずです。なぜなら人間は、自然の一部であるヒトでもあるからです。ところが、これまでの私たちは、そのような意識なしに勝手に人工世界をつくってしまったので人工と自然の間に葛藤がある——それが環境問題や人間関係のきしみとして現れているのです。人工と自然の葛藤といいましたが、実は人工の世界をつくったのは、脳とそれに従って動く手という、ヒトという自然の一部に属する器官だということを考えると、この葛藤はとても複雑な問題を含んでいます。また別の見方をするなら、ここからヒトであり人間である私たちの本質が見えてくるはずです。ですから、今起きている多くの問題を個別に制度や技術で解決しようとせずに、自然を総合的に理解し、それを基本に生きるという方向へもっていくのがよいのではないでしょうか。そこで、〝誌〟という見方が重要になるのです。

複数の時間と空間の中で

私たちは日常、時計を見ながら、時間の単位、時には分や秒の単位で生活しています。手帳には一年単位の予定が書いてありますが、それ以上先のことはあまり考えずに暮らしています。もちろん時には一生を考え、子どもや孫の将来を心配することもありますが、それは滅多にないことです。近年、地球環境問題が厳しく問われるようになり、今の暮らし方は未来に大きな借りをつくっているといわれますが、遠い先を考えるのはなかなか難しいようです。エネルギーについての論文に、石油の可採分の残存量に触れた部分があり、これまで残りは後三〇年分といわれ続けてきましたが、二二〇年分あることは確かなので大丈夫と書かれていました。この数字がどこまで正確か専門家でない私にはわかりません。でも、三〇年なら大変だけれど、二二〇年なら安心という認識はおかしいと思いました。四六億年という長い地球の歴史の中で生じた化石資源を、たかだか二、三百年で使いきってしまうことの異常さは宇宙・地球・生命という流れの中に人間を置いてみれば、誰もが気づくことではないでしょうか。

宇宙・地球・生命に関する時間の流れを図1―2に、大きな括りでまとめてみました。人類の誕生は一〇〇万年、現代人は一〇万年の単位で考えるべき事柄であり、文明は一万年の単位になるでしょう。そして今、二十世紀の終わりを迎えて千年紀や一世紀を考えようとしています。一〇〇年は人間の一生に匹敵します。そして、身体

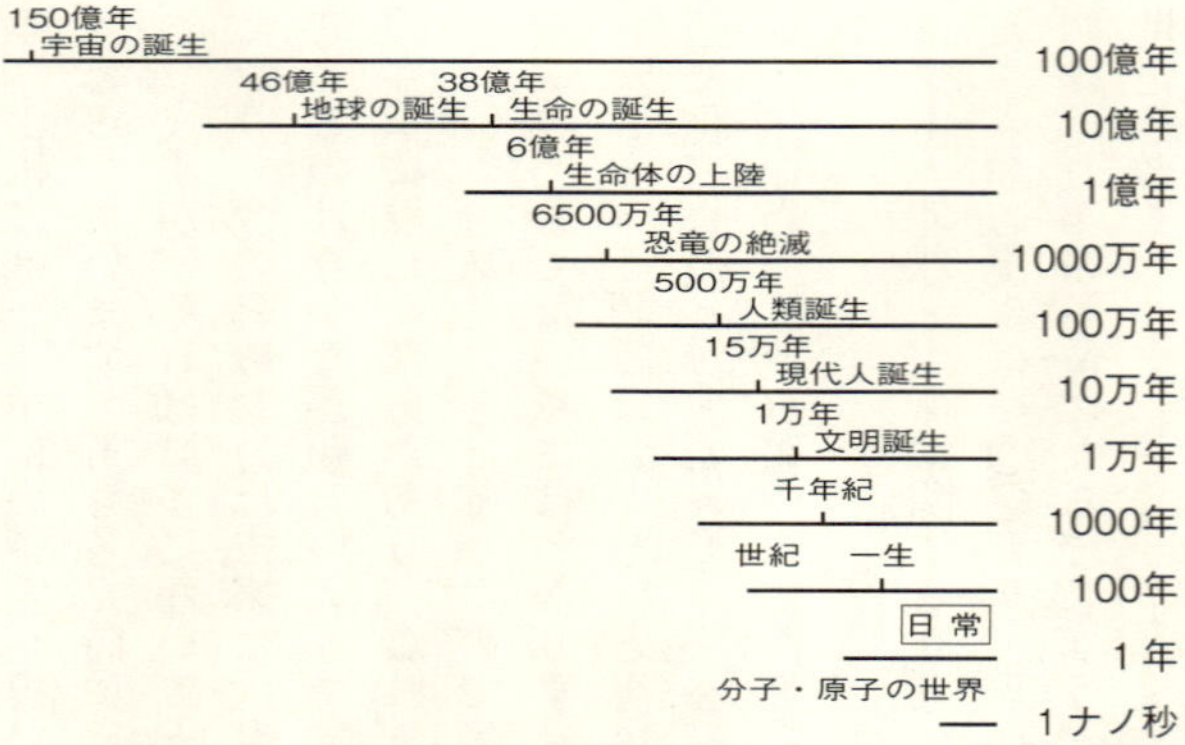

図1—2　複数の時間の中で考える

は、一年、一月、一日というリズムを刻んでいます。一方、科学は今や、ナノ秒（一〇億分の一秒）という短い時間の現象までも捉え、事実、私たちの体は、そのような時間で動く物理現象や化学反応で支えられています。

それぞれの時間は、空間にも対応しています。広大な宇宙。今も膨張しつつある宇宙の果てを見ようという壮大な計画は、今、ハワイのマウナケア山に建設された直径八・二メートルのレンズをもつ光学赤外線望遠鏡「すばる」によって現実になろうとしています。百数十億光年離れたところからの光が見られるということは、百数十億年前、つまり宇宙の始まりを見ることになるはずです。わくわくします。とんでもなく大きな時間と空間が実感できるのですから。地球の大きさも私たちは実感できるようになってきました。今や小さな世界の研究も進んでいます。生物についていえば、生きているという現象が、細胞の中のDNA・タンパク質・糖という分子のはたらきで解明されています。生物を扱っていると大きさや時間が複雑に組み合わさっていることが実感されます。

このような複数の時間、さまざまな大きさの空間を実感させてくれるのが、現代科学です。そして多くの人がそれを実感できるようになることが自然・人間・人工（科学技術）の関係を考える時、とても大切です。私は今科学が果たすべき最も大事な役割は、あらゆる人がこの感覚をもてるようにすることだと思います。現代の社会問題を解く鍵はここにあるとさえ思っています。こうして科学自体が複数の時間や空間を組み込むと自ずと〝誌〟になっていくのです。

進歩という概念

時間は生命について考える時の大切な切り口なので、これからもしばしば問題にします。というのも、現代社会における自然と人工のずれは、もっぱら時間のもつ意味の違いにあるように思うからです。十九世紀以降の社会は、進歩に価値を置いてきま

進歩	進化（展開）
効率 量 均一	過程 質 多様
構造・機能	歴史・関係
機械	生命体

表1―1　進歩と進化

した。そこでは、一つのものさしで測ってどちらが優位にあるかを比べるのですが、その時、主として問題になるのは量です。科学技術が産み出した工業社会では、いかに効率よく均一なものを大量に生産するかが競われます。効率とは、時間を切ることです。物にとって大切なのはその構造と機能であって、それがどのような経緯で生まれ、どんな過程を経て生まれてきたかなどはどうでもよいのです。科学は生物さえ、機械とみなしてその構造と機能を解明することに専念してきました。それゆえに明らかになったこと、たとえば、現代生物学が基本に据えるDNAの発見などは、それが行われた時代に居合わせたのは幸運と思うほど素晴らしいことです。しかし、そうはいってもDNAは単なる物質です。物質そのものに、生命のすべてを帰するわけにはいきません。DNAを基本に用いながら、たとえば、ヒトはどのようにしてヒトになってきたのかという「過程」を知ってこそ、生きものとしての本質に近づけるのです。

そもそも進歩という概念が生物には合わない。アリとフクロウとサクラを一列に並べてどちらが進歩しているか、優れているかと順位をつけようとしても無理です。それぞれに特徴がある。「多様さ」こそ生きものの真髄です。表1—1に生物のあり様と、進歩を旨とする現代社会のあり様がいかに違うかをまとめました。生物ももちろん止まってはいません。常に動いている。そのダイナミズムたるやみごとなものです。ただ、それが一方向へ向かって進んでいくことはありません。さまざまな試みをして多様化していくのです。そのあり様を「展開」または「発展」と呼ぶことにします。近年、sustainable development という言葉が使われますが、ここでの development がまさにそれです。よく日本語で持続的開発といわれますが、適切ではないと思います。展開か発展。自らの内にもつものを望みの方向に伸ばしていくことです。ついでに進化という言葉にも触れておきましょう。これまでも何度も書きましたが、進化を英語でいうと evolution です。evolve は巻物を開いていく時などに使われる言葉ですから、これも展開でしょう。どうも進化というと進歩とまぎらわしく、一定方向に進んでいくようなイメージを与えるのではないかと思い、展開と訳してくれたらよかったのにと思います。おそらく進化という訳は、進歩をよしとする時代だからこそなされたのでしょう。

ヒトと人間

こうして、長い時間と共に起きた多様化の中で自然・人間・人工（科学技術）について考えていく時の中心になるのは、生命誌とその中にあるヒトと人間の関係だと思います（図1―1斜線部分）。まず、生きものを知り、その中でのヒト、そしてヒトと人間の関係を知ることです。よく、昔生物としてのヒトが誕生し、それが文化・文明をもつ人間になったといわれますが、実は、現代人の中にも生きものとしてのヒトの部分が確実に存在していることに気づかなければなりません。環境中のさまざまな化学物質がホルモン様物質として作用して、生殖作用に影響するのも、がんにかかるのも、アレルギーを起こすのも、皆、ヒトという生物の体のしくみが外来物質に反応したり、内部で変化したりした結果です。どんな文明社会になろうとも、私たち人間はヒトという部分――他の生きものたちと共通の四〇億年近い生命の歴史をもつ部分を背負っているのだという認識が重要です。

話はかなり大げさになりましたが、これまでに述べたような考え方で始めた生きものの研究が生命誌です。実際の研究は、DNAを中心にした研究であり、生命科学とつながったものですが、視点が違います。実は生命誌という考え方をもつようになってから私の関心は、生きものというより「生きているということ」にあるのだと思う

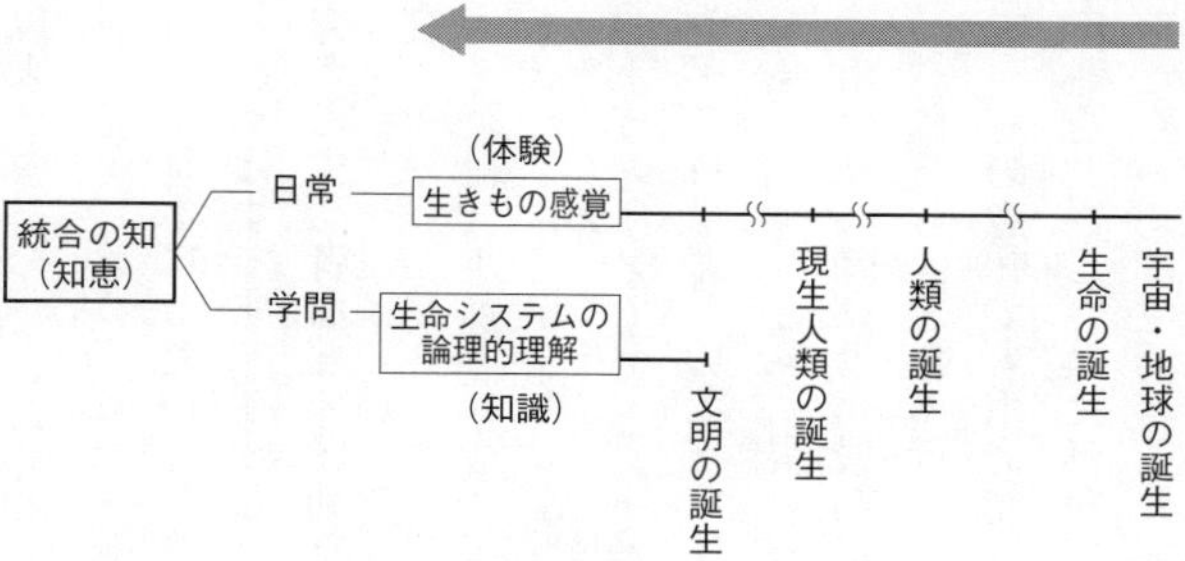

図1―3　知の統合

ようになりました。生物という物ではないし、また生命という抽象概念でもなく、生きているという現象です。この「こと」という捉え方は面白いと思っています。現代科学が生物を機械のように見てDNAに還元するのはけしからん、生物は全体的な存在だといって、東洋思想をもち出して批判しても建設的ではありません。科学の特徴である積み上げ方式に従い、生命現象についての先人の成果を百パーセント活用しながらそれを乗り越えていくのが最も面白い作業だと思っています。

統合の知・文化としての生命研究

大げさついでに、生命誌の狙い――というより願い――をあげておきます。学問と日常、つまり知識と体験の一体化です（図1―3）。なにより人間自身が生きものであり、他の生物は人類誕生以来つき合ってきた仲間ですから、日常の体験の中で知ったことがたくさんあります。直観でわかることもある。他の生きものの生き方から学ぶことも多い。それとDNAを基本にした生命システムの学問的理解とは矛盾せず、むしろ補い合い、かさなり合うはずです。こうして生まれるのが知恵でしょう。生命誌は、専門家と素人、研究者と生活者などの区別なしに、誰もが当事者です。あなたも生命誌の当事者と自覚していただきたいのです。

それは、生命誌が文化として社会に存在するということでもあります。音楽や美術・文学が、もちろん専門家はいるけれど、それを誰もが楽しみ、自らもそれに参加しようとするものとして存在するのと同じように。科学はこれまでそうではなかった。これは悲しいことです。科学そのものが文化として存在できるようにしたい。それも〝科学〟から〝誌〟への移行に込めた気持ちです。

生命誌の問いは、最初に述べたように、私たちはどこから来たのか、私たちは何者か、私たちはどこへ行くのかです。これはおそらく人間の文化を産み出す基本でしょう。その意味でも生命誌は文化として、他のあらゆる活動——学問や芸術など——と関心を共有し、共に活動できる「知」です。学問と日常が一体化するということは、平たくいえば生活者としての私と研究者としての私が乖離せずに仕事ができるということです。生命誌を始めた理由は、実はここにありました。たとえば、DNAについて考える時、私はどうしても私の体の中ではたらいているもの、あなたの中でもはたらいているものとして考えてしまいます。いくらそれを分析する時でも、試験管の中の物質としてだけ見ることができません。ところが今の科学は、時に生物をまったく知らずにDNAだけを扱っている人をつくってしまう方向に動いています。一方、科学の成果を一刻も早く産業につなげることを求める動きは、生きものの本質を考えようなどというのんびりした話は尊重してくれません。その結果登場した技術や製品は結局、生活者からの拒否反応に遭ったり、うさん臭い目で見られています。なんだかおかしい。居心地が悪い思いです。生命に関しては、断片的な知識への関心だけをもったり、科学という限られた方法でのアプローチだけをするのはいけないのではないか、そう考えて一〇年近く悩んだ結果、「知」は大切にしよう、しかし「統合の知」もしくは「知恵」にしようと思ったのです。もちろんこれは挑戦であって完成ではありませんが、生命誌を少しずつこの方向に組み立てていきたいと考えています。

第2章　生命への関心の歴史——共通性と多様性

ヒトが地球上に登場した時には、私たちの眼に見える現存生物はすべて存在しており、自然は多彩な姿を見せていました（ここで眼に見えると書いたのは、最近のゲノム研究によってバクテリアの間ではDNAが大きく動きまわっていることがわかってきて、そのダイナミズムに驚いているところなので、今でも新しいものが生まれているかもしれないと思うからです）。これらは、動くもの、美しいものとして私たちの祖先の気を引いただけでなく、衣・食・住、さらには医療に用いるために、つまり実用上その性質を充分知る必要がありました。なかには毒をもつものや危害を加えるものもあり、詳細かつ正確な情報が大事でした。それだけではありません。六万年ほど前にネアンデルタール人が死者を悼んで花を手向《たむ》けたのではないかと思わせる跡がシャニダールの洞窟内で見出されたということですから、すでにその時には死について考えるようになっていたはずです。狩猟採集時代の終わり頃（今から三万〜四万年前）には呪術的な意味を込めたみごとな動物像が壁画に描かれています（図2—

１）。つまり、今ここで考えようとしている、私とはなにか、私はどこから来てどこへ行くのかという問いにつながる精神的な活動や他の生物のもつ生命の意味を考える知的活動がすでにそこに見られるわけで、まさに彼らは単なる生物的なヒトであるだけでなく「人間」であったといえます。

このようにして私たちの祖先は、現代風にいうなら、生物の多様性に関する知識、生物がもつ生命という共通性の認識、そしてその先にある「私」という存在への関心を抱いていたのです。常に生物への関心の通奏低音として流れ続けているのはこの共通性と多様性（そしてその先にある〝私〟という意味を常に汲みとってください）への関心であり、それがまた生命誌のテーマでもあります。このような関心は、もちろん世界中いたるところに暮らす人々すべてにあったと思いますが、それを体系化し、現代科学につながる学問をつくったのはギリシャ時代の思索家たちです。ここではプラトンとアリストテレスに目を向けます。図２―２はラファエロの「アテナイの学堂」に描かれているプラトンとアリストテレスです。ギリシャの賢人た

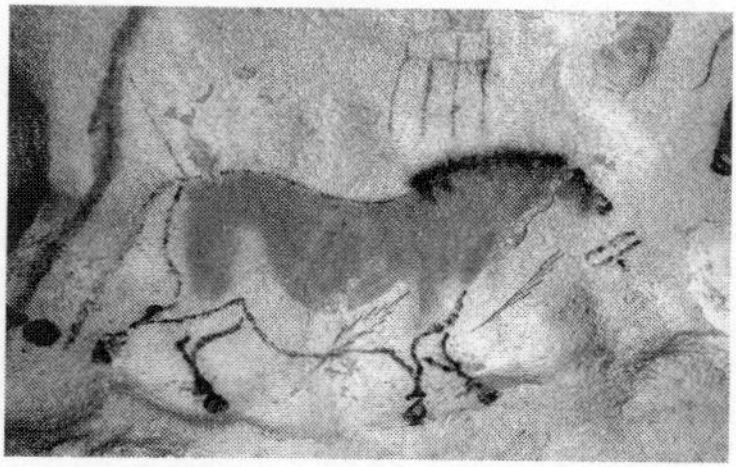
図２―１　ラスコーの洞窟壁画

ちの中でもとくに後世に大きな影響を与えた二人の手に注目してください。プラトンは天を指差し、アリストテレスは腕を前に差し出し掌を地に向けています。プラトンはイデアで自然界を説明しました。物とは独立に存在する不変のもの、イデア（眼には見えない）によって性質が決まるというのです。つまり不変で唯一のものこそ重要だという考え方です。天を指している所以《ゆえん》です。それに対して弟子のアリストテレスは事実と観察を大切にしました。生物についても多くの観察記録を残し、動物学の始祖とか古代・中世を通じて最高の生物学者といわれています。とにかく地上にいるさまざまなものを観察することが知の始まりという気持ちの表現がアリストテレスの手に表れています。もちろんアリストテレスは、多様性だけに関心をもったのではありません。生きものを生きものたらしめている「プシュケー」（生命または霊魂とされる）があり、それが植物と動物と人間では違っている、簡単にいえば後の方ほど高等だというような整理をしています。自然の階梯があるとして。ただアリストテレスは、変わることに関心がある

図2—2　プラトン（中央左）とアリストテレス（中央右）（ラファエロ「アテナイの学堂」ヴァティカン宮殿）

のです。共通と多様への関心は、別の切り口から見ると変わらないものと変わるものへの関心といえます。こうしてみると、やはりアリストテレスは生物学者の祖というにふさわしいことがわかります。眼の前にある多様なものを正確に観察し、そこから共通性を見出そうというのですから。また生物の変わるところに目をつけているのですから。

いずれにしても、生きものを見るための二つの基本、多様性と共通性を鍵に、生物研究と、それに伴う生命観の変遷を簡単に追っていきましょう。

博物誌から分類学へ

ヨーロッパの中世は、いわゆるスコラ哲学の時代であり、アリストテレスの示した観察の精神は忘れ去られ、専ら神学上の解釈、先達の著作の解釈などに目が向けられていたので〝生物研究〟の立場から見ると実りのない時代だったといえます。しかし、十四、五世紀になると、十字軍や東方貿易によって外の世界を知った人々が、単なる思弁のための思弁を止め、目を外に向け始めます。ルネサンスです（ラファエロの絵もこの時に描かれました）。

十六世紀から十七世紀、航海術の発達でヨーロッパ列強が世界へと出かけて行き、生物に関する情報や標本が持ち込まれるようになり、研究書もたくさん出版されました。頂点は十八世紀、それまでは貴族のものであった博物誌の情報が庶民層にも伝わり、他国の標本など買えない普通の人々が身近な生物の観察をするようになり、生物の種類だけでなく習性なども調べられました。今もこの伝統はアマチュア博物学として引き継がれています。こうして、世界中から集められたさまざまな標本や身近な生きものが分類され整理されていったなかで、十八世紀にスウェーデンの生物学者リンネによって現在も使われている二名法と呼ばれる分類法が出されました。多様な生物にある程度の普遍性を見つけ整理していく方法の確立です。

解剖学から生理学へ

多様性への関心が具体的な生きものに向けられたのに対して、共通性への関心は、直接生命とはなにかという問いへとつながります。きっかけは生命が失われること、つまり死への恐れとふしぎであり、したがって最大の関心はほかならぬ人間に向けられました。多様性が人間以外の生きものたちの生き方を示すのとは対照的で興味深いことですが、それと同時に、本来生きものの理解に必要なコインの両面であるはずの多様性と共通性へのアプローチが、関心のもたれ方がまったく違う形で始まったのは生命の本質の理解にとっては望ましいことではなかったともいえます。したがって両方が別々に考えられてきてしまい、両者の間に接点ができなかったのです。そうでなければよかったのにと思いますが、歴史を変えるわけにはいきません。

事実を追っていきましょう。死と人間という切り口で生命の実態に迫ろうとして行われたのは解剖です。もっとも、人体解剖は禁止されていましたから他の動物を調べてそこから類推するわけですが。この流れで名前があがるのがローマで活躍したガレノスとその後継者であるアラビアのアヴィケンナ（アラブ名は、イブン・シーナー）です。当時は、ギリシャ以来の生気論が主ですから、ガレノスはプネウマ（風、空気という意味）が身体のあちこちに出入りすると考えました。プネウマは空気中に充ちており、呼吸で体内に運び込まれ血液で各部へ送られそこで活躍します。たとえば、肝臓の中のプネウマは成長と栄養を司るというように。プネウマが霊魂のはたらきをする場所は、脳、心臓、血液などとされ、それらに注目が集まりました。

十三世紀になると、少しずつ人体解剖がなされるようになりましたが、ガレノスの影響が強く、誤りもそのまま踏襲されていました。それを打ち破ったのが、イタリア、パドヴァ大学のヴェサリウスです。それまで教授自らが執刀することはなかったのに彼はそれを行ったのです。解剖といいながら、先達の書を鵜呑みにしていたそれまでと違い、まさに科学です。なぜ彼にそれができたのか。当時のパドヴァが自由で、研究用死体が手に入ったこと、ティツィアーノという画壇の巨匠が図版の作成に協力し、出版の技術と熱意も一流だったという多くのことがかさなってのことです。新しいことは、決して唯一人の人、一つの分野の力で生まれるものではありません。まさに高レベルの文化があったということです。これはもちろん現在にも通じることです。二十一世紀の日本でこのような形で新しい文化が生まれ、独自の展開があるとよいのですが。それはともかく、こうして生まれたのが歴史的書物『人体の構造について』(一五四三年)です。

人体そのものの構造が具体的に見えてきたので、それがどのようにはたらくのだろうかという疑問が生まれ、人体を機械とみなすようになっていきます。そして一〇〇年後、まずハーヴィが『動物における心臓の運動と血液に関する小論』(一六二八年)を著し、その後暫くしてデカルトが人間機械論を展開するわけです。ハーヴィは、観察をかさねたうえで仮説を立て、それを定量的な検証で実証していくという近代科学の方法を生物研究に取り入れた人としても歴史に残ります。ハーヴィ、デカルトによって、共通性を探るミクロの旅に拍車がかかりました。多様性を探る旅が、本当に海を渡るマクロの航海であったのに対して、こちらは実験室の中でミクロへミクロへと入っていく航海です。

その航海を豊かなものにしたのが顕微鏡。肉眼ではなにも見えない池の水を顕微鏡の下に置くと、なんとも奇妙な形の生きものたちが見えてくるというので皆で我も我ものぞくようになり、一種のファッションにまでなったようです（図2―3）。今では顕微鏡をのぞくのは白衣を着た生物学者というイメージに変わってしまいました。もう一度呼び戻したい流行です。

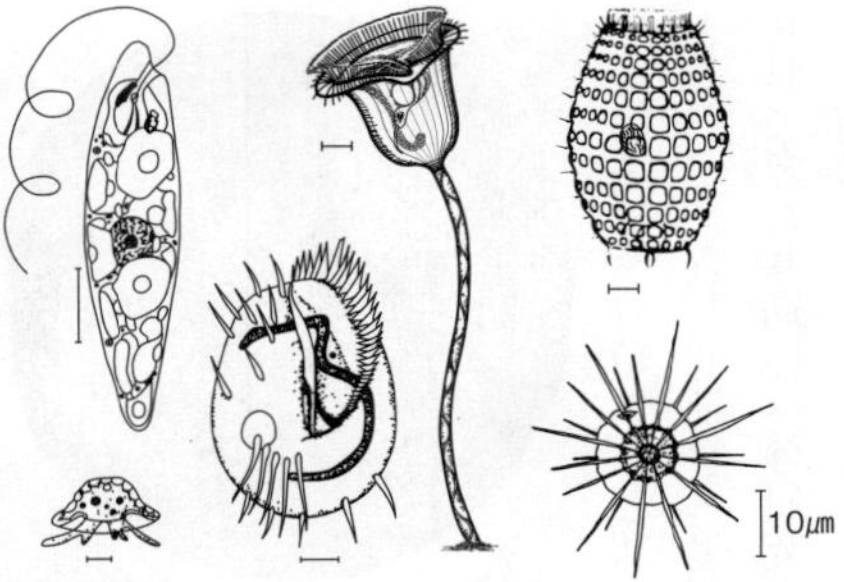

（M. A. Sleigh, The Biology of Protozoa, London, Edward Arnold〈1973〉より）

図2―3　顕微鏡下の生きもの　名前はさておき多様な姿を楽しむ（B．アルバーツ他著、中村他訳『細胞の分子生物学　第3版』ニュートンプレスより）

ところで、ミクロの旅でアマチュアが多様性を楽しんでいるなか、マルピーギ、フック、レーウェンフックなどの研究者が小さな世界に存在する微細な構造を調べ、次々と新しい発見をします。フックは、コルク切片を見ると小さな袋の集まりに見えることを見つけ、それをcell（小さな個室）と名づけました。細胞の発見です（まだその重要性には気づいていませんが）（図2—4）。

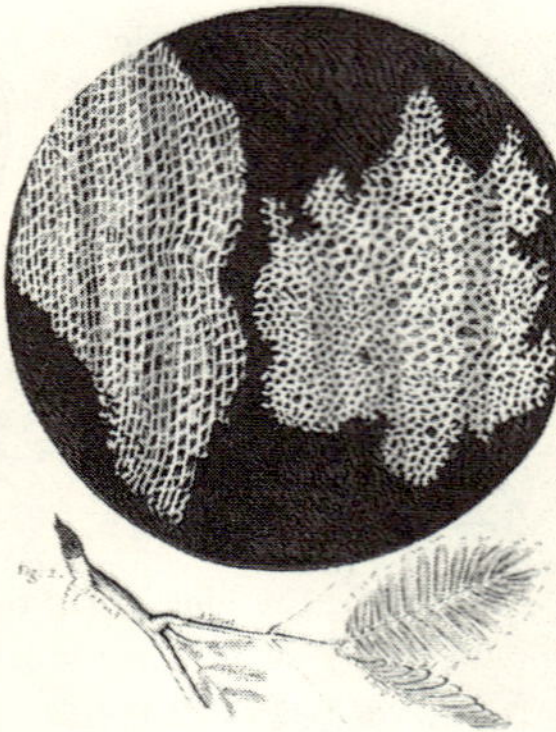

図2—4　フックのコルクの図
1665年の『ミクログラフィア』に描かれた図

生物学の誕生

ところで、十九世紀初めに大きなことが起きました。ギリシャ以来二つの道を歩いてきた多様性と共通性への関心を一つにまとめようという動きが出たのです。多様性への興味から生まれた博物学は、分類学へと進み、顕微鏡によってミクロの世界に目を向けるようになりました。一方、解剖学・生理学など医学と関連し、主として人間を中心に研究が進められてきた共通性への研究もまたミクロの世界の細胞へとたどりついてみると、それは人間に限らず他の生きものの生き方にもつながることがわかってきたのです。

この流れのなか、一八〇二年に二人の学者がほぼ同時に、そして独立に同じ言葉を提案しました。「生物学」です。普段は深く考えずにこの言葉を使っていますが、生命研究の歴史のなかではとても大事な意味をもっています。この言葉をつくったのは、フランスのラマルクとされていますが、ドイツのトレヴィラヌスも同じ年に同じ提案をしていました。ラマルクは博物学者、トレヴィラヌスは医学者です。多様な生物を対象にしてきた博物学と人間を扱いながら生命の基本を問うてきた医学生理学の両方から同時に同じ言葉が出てきたのは偶然ではありません。多様と共通を別々に見ていたのでは生命の本質には迫れない、両者の関係を知ることこそ重要だという意識が出てきたのでしょう。生物学の始まりについては、動物学と植物学が統一されたという見方や物質と精神の分離に対してそのいずれでもない生命という概念がこの時代に現れたことを反映しているという解釈も出されています。いずれにしても、総合的な見方が必要だという考え方が出てきたことに違いはありません。生物学という言葉に重要な意味が込められていることを心に留めてください。しかし、その後生物学は、総合的なものにはならずにむしろ細分化されていきました。動物学、植物学、微生物学というように研究対象で分かれただけでなく、分類学、生理学のように研究方法でも分かれていったのは、残念なことです。生命誌は、それから二〇〇年ほど経過したところで、生物学を提唱したラマルクたちと同じように共通と多様を結びつけようとして、考え出した言葉です。生命の本質を見る総合的視点は学問の中で常に求められてきたものですが、それを現実にするには具体的な方法が伴わなければなりません。十九世紀の初めにはその方法に不足がありましたが今は、充分なのではないか、だから今度こそ統合ができるという実感があります。それをこれから述べていきたいと思います。

細胞説の登場

生命誌という統合の世界へとつなげるために、一見バラバラに見える生物研究の中から生物学という新しい考え方を支え、統合の方向へと向かう研究の動きを追うと、まず大事なものとして「細胞説」が登場します。すでに述べたようにフックがコルクで細胞を見つけて以来、多くの人がさまざまな生物を顕微鏡観察しましたが、動物ではなかなか細胞がつかまりませんでした。しかし、一八三〇年代、ドイツのシュライデンが植物について、シュヴァンが動物について、細胞が生物の基本単位であるという論文を出しました。細胞説です。すべての生物に共通なものが見つかったのですから大発見です。顕微鏡下で根気よく観察すると分裂すること、細胞の中にはいつも黒い構造体があること（「核」のこと）などもわかりました。一八五五年、病理学者フィルヒョウは「すべての細胞は細胞から」という名言で、細胞は次々と新しい細胞を産み出し連続するものであることを示すと同時に、その頃までなんとなく信じられていた自然発生の考え方を否定しました。こうして、生きものの基本を知るには細胞を調べていけばいいらしいということがわかってきました。

これは大きな発展ですが、生物学は多様と共通を結ぶ方向を出そうとした提案だったのに、実際の研究は共通性の方向へ大きく傾くことになりました。というのも細胞説の後十九世紀半ば過ぎに、ほとんど時を同じくして共通性へと研究を向ける事柄が次々と登場したからです。第一弾は、フィルヒョウの細胞こそ生命の基本という保証です。

進化論

顕微鏡の下から生まれた細胞説に対して博物学、つまり自然の観察からも生きものの共通性を示す重要な概念が出ます。進化論です。進化論の提唱者とされるダーウィンとウォーレスの論文には、自然選択により「生物は長い時間をかけて世代をかさねる間に形質が変化し、構造も複雑になり、それと共に多くの種に分かれた」とあります。実は、進化という概念はこの時初めて出されたものではありません。プラトンとアリストテレスのところでも述べたように、ギリシャ時代から、生物は〝不変〟という考えのほかに〝変わる〟という考えも存在していました。前に生物学の提唱者として登場したラマルクは、進化論を明確に唱えた最初の人でもあります。彼の考えは、

図2—5　ビーグル号　英国の軍艦で、各地の測量を目的に航海したが、船長の話し相手として乗ったダーウィンは自然観察を行った（王室外科大学蔵）

生物は本来、より大きく複雑になるよう決められており、使った部分は進化し、使わない器官などは消えていくという用不用説でした。変化の原因がなにかということは、これからだんだん考えていくとして（生命誌の研究はこの問題を扱いますので後に細かく触れます）、生物が変化するものであるという考えは、自然を観察していれば出てくるものだったのでしょう。ただ問題は、キリスト教が教える神の創りたもうた秩序ある世界と進化という考え方をどうすり合わせるかであり、それに誰もが悩んだのです。

そのような流れの中でダーウィンの『種の起源』が出版されたのが一八五九年でした。ダーウィンは、若い頃ビーグル号に乗って、マクロの航海に出かけ多様な生物を観察していましたし（図2—5）、英国で盛んな家畜や栽培植物の育種の観察体験も豊富でしたので、進化を考えざるを得なかったのでしょう。その頃の英国は、産業革命の結果、社会変化が激しくなり、それへの適応が重要という考えが出始め、社会に進化論を求める気運がありました。もちろんキリスト教からの批判が厳しかったことに変わりはなく、ダーウィンも発表はかなり慎重に行っていますが、積極的に進化論を社会に適用しようとするスペンサーのような人も出て、生物学の範囲を越えて社会に影響を及ぼします。科学も社会と関係して動いていくことを実感させられる例です。

遺伝の法則の発見

もう一つ、共通性への道をつくった大きな仕事は遺伝の法則の発見です。オーストリアの僧メンデルがエンドウマメのかけ合わせの実験から、生物の性質を決める「因子」があることを発見しました。親の性質が子どもに伝わることは昔から気づかれており、家畜の改良などと関連して、とくにヨーロッパでは実用上遺伝への関心は高かったといえます。けれど、生物には無数ともいえる性質があり、親子でも似ているところもあれば似ていないところもあるというように複雑なので学問として体系化はされていませんでした。そこへメンデルが性質を決める「因子」があり、有限個の因子の組み合わせで生物の性質が決まるということを示したわけですから、すぐに遺伝学が始まってもよさそうです。しかしこの実験結果の重要性が認められるのは二十世紀に入ってからです。メンデルはすでに亡くなっていました。研究にもタイミングがあるようです。メンデルが示した因子は後に（一九〇九年）遺伝情報をもつ因子という意味で「遺伝子」と名づけられます。生物学で法則と呼べるものが出された最初という意味でもこの研究には大きな意味があります。

生化学への道

生物の共通性へ向けての研究の流れとしては、もう一つあげる必要があります。生化学です。細胞を観察すると中になにかが詰まっているように見えたので、生物をつくりあげている物質を追う作業が始まります。そこで大きな役割を果たしたのはパストゥールです。ワイン業者から樽によってワインの品質が違うのはなぜか調べて欲しいといわれ、調査したところ、発酵には生きた酵母が必要だということがわかりました。「発酵は、微生物が物質を取り込みながら増殖していく生理過程の中で起きる生命現象である」。アルコールができるのは純粋な化学反応で生物など関係ないという反論もありましたが、その後（一八九七年）ブフナーが生きた酵母でなく酵母の抽出液でも発酵が起きること、つまり酵母内のある種のタンパク質＝酵素がはたらいて糖がアルコールに変わる反応を進めていることを示し、生体内で起きている現象を化学反応で解明していく生化学が生まれます。実は、パストゥールと同じ頃、一八六九年に、ミーシャーが白血球（外科患者の膿汁）から一〇％もリンを含む酸性の物質を見出し、機能はまったくわからないままヌクレイン（核からとれた物質）と名づけていました。後にDNAとわかる物質です。タンパク質（酵素）とDNAという生物にとっての二大基本物質が取り出されたわけです。これは、生きものも物質でできた一種の機械として捉える考え方を支持します。パストゥールはまた、生物の自然発生を実験によって決定的に否定しました。まず、完全滅菌したスープの中に空気やチリが入ると微生物がふえて腐ることを示した後、同じスープをS字形の首をもつフラスコに入れると腐らないことを示したのです。一八六〇年のことです。

細胞説、進化論、遺伝の法則、生化学……、生物は共通の構造や物質から成っていること、生きものは生きものから生まれその性質を子孫に伝えていくものであることがわかってきました。しかもそれがほとんど同じ頃、さまざまな分野から独立に生まれてきたのは興味深いことです。歴史とは面白いものです（図2―6）。この図には、独自に生まれてきた動きが二十世紀に入って遺伝子（DNA）の研究へと収斂《しゅうれん》していくこと、二十一世紀にはそれが更にゲノム研究になり、ここで最初からのテーマであった共通性と多様性をつなぐ研究へ展開していくだろうというところまで書き込

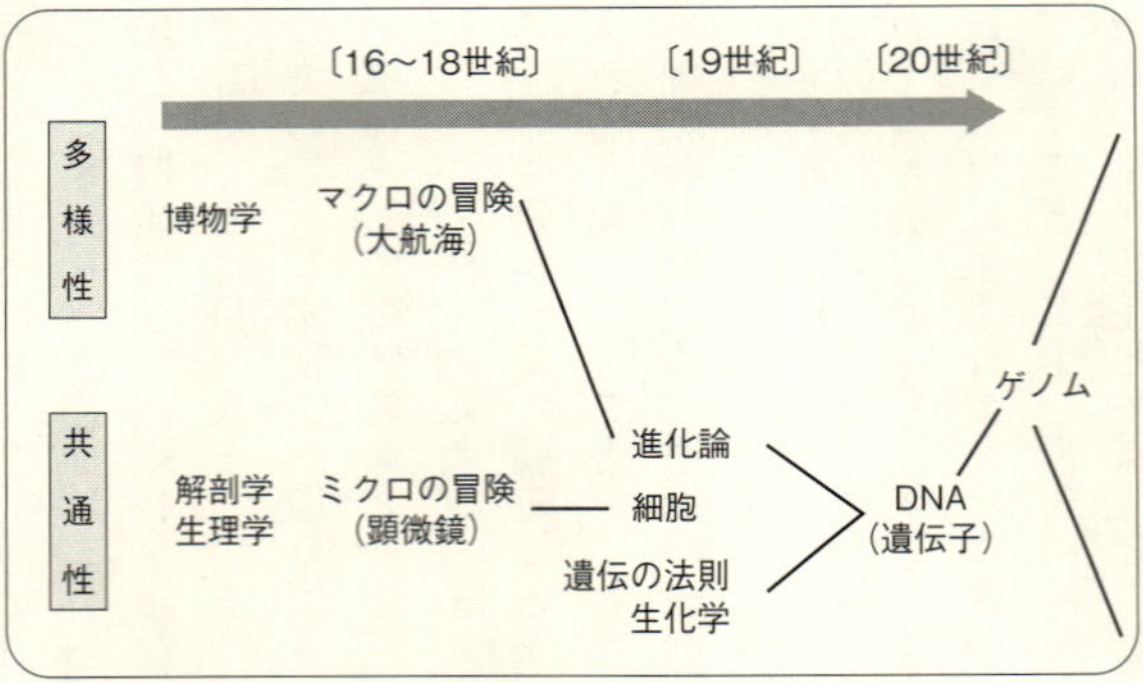

図2—6　共通性へと向かっていく研究の流れ

んであります。この部分が、実は、この本の中心テーマであり、これから語っていくところです。ちょっと先走って書いてありますが、心に留めておいてください。

生殖と個体発生

共通性と多様性という切り口で生命理解の歴史を見てきましたが、実は、このどちらとも関連しながら、日常的な生きものの観察とつながり、しかも「性」や「個」という、生命にとって本質的な問題を含んでいる現象を扱ってきたもう一つの生物研究の歴史があります。発生学です。この学問は生物が誕生するところのふしぎに惹かれて始まったものですが、今では個体が生まれ、成長、老化、死と経ていく過程はすべてつながっていることがわかってきたので、生物の一生を追う学問になっています。

発生についても、始まりはアリストテレスです。彼は「女性（メス）の月経血、ニワトリの場合は黄身に男性（オス）から生命力、つまり精液が注入されると赤ちゃんの素ができる」と考えました。更にそこに霊魂が入って人間ができていくというのです。その後のキリスト教社会では観察から離れ、自然発生説に傾くわけですが、十七世紀になって顕微鏡観察が始まると精子が発見されます。精子は動きまわるので、その中に子どもの素が入っているのではないかと考える人が出てきました。しかし卵《らん》の方が大きい、これを観察するとこちらに小さな人の形が見えるという人もいて、どちらに生物の素が入っているかの論争がなされました。精子、卵のいずれであるかはともかく、それらの中にあらかじめ小型の動物が存在しているという考え方ですからこれを前成説といいます。これには生物は神様の力で創られたものでそれが精子や卵に宿っているという気持ちも影響していたでしょう。

もっとも、いくら観察してもそのような形はどこにも見えないと主張し、生物は受精後に新しく生まれるという「後成説」を唱える人もいました。

十九世紀に入り、発生でも現代生物学への曙の時代が始まります。ベアが、一八二七年に初めて哺乳類の卵を観察し、一八七五年にはウニで卵と精子の融合、つまり受

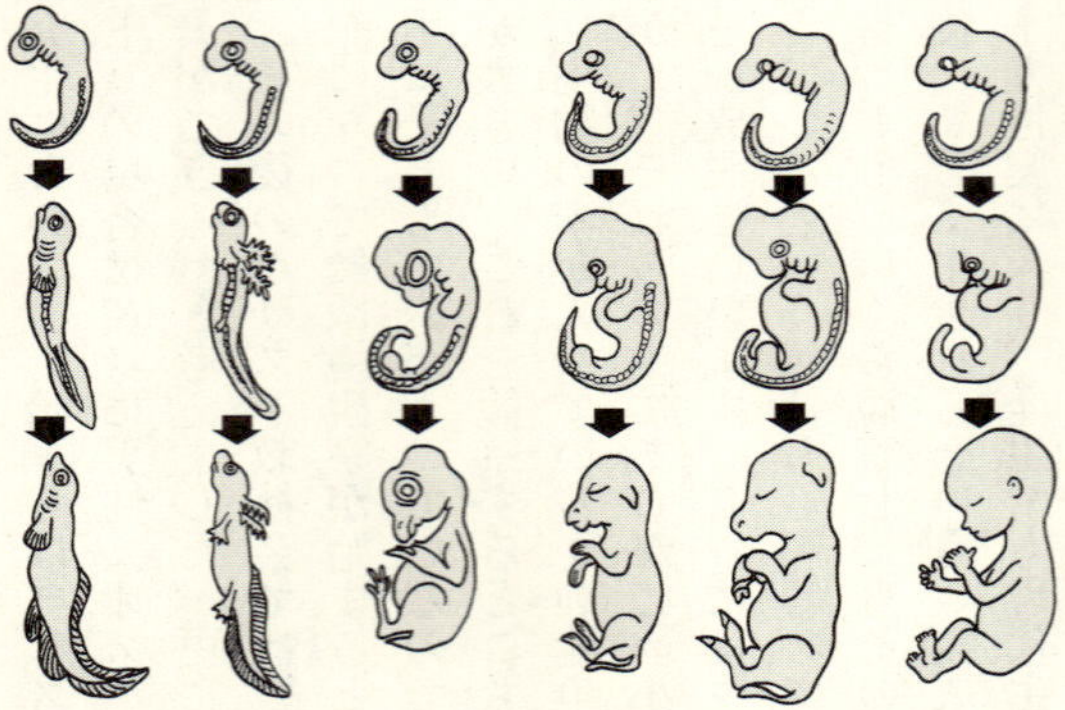

図2—7　胚は皆似ている　発生の初期には脊椎動物の胚は区別がつかない（M．ホーグランド・B．ドッドソン著、中村桂子・中村友子訳『Oh!　生きもの』三田出版会刊）

精が観察されました。受精卵は分割を始め、胚になります。ベアは、このようにしてできた胚がある時期、哺乳類でもトリでもトカゲでも区別のつかない姿になることを見つけました。ここでも共通性が浮かび上がってきたわけです（図2—7）。

発生研究ではもう一つ大事な仕事があります。一八九一年、ドリーシュが、ウニの受精卵が二つに割れたところで、二つを分離して飼ったところ、どちらからも小さいながら完全なウニができたのです。これは、生物における部分と全体を考えさせる面白い実験で、事実ドリーシュはその後むしろ哲学的思考に入っていきます。このように、発生は、生きものそのものを見ていく最も日常感覚に近い分野です。また個体を見るという点でも興味深い分野ですが、形づくりという難しい現象を対象にしており、それぞれの生物に特徴がありますので、共通性を探すのは難しく、当分共通性への道とは違う道を歩みます。生命誌ではもちろん発生も取り込んでいきますが、その流れが出てくるまで、しばらくの間、発生は脇へ置いておきます。

大急ぎで見てきた研究の流れの二十世紀に入る前の状態をまとめてみますと、(1)多様性よりも共通性、(2)生命から物質へ(機械論)、(3)観察より実験、という方向が明確に見えます。これがあったからこそ科学としての生物研究が急速に進展するのです。そしてこれは、産業革命を経て進歩をめざす社会の動きともかさなっているのに気づかれたと思います。ただ少し先走っていうなら、これが生命の本質を忘れた機械優先の社会につながり、それを取り戻すために生命誌を考えることになるのです。その辺にも注意しながらこの流れを追っていきます。

第3章　DNA（遺伝子）が中心に――共通性への強力な傾斜

前章でまとめた方向に拍車がかかった形で二十世紀は始まります。

これまでの歴史と違い、二十世紀に入ると、数年の単位で注目すべき成果が出るというペースで研究が進み、今や毎日追いかけていても間に合わないほどの速さになっています。このような動きの中心になるのは、ちょうど二十世紀の真ん中、一九五三年になされたDNAの二重らせん構造の発見です。そこで、地球上のあらゆる生物はDNAという物質を基本に生きているということが人々（少なくとも生物研究者）の共通認識になります。大腸菌もゾウも基本的には同じという生物の見方は、共通性の極といってよいでしょう。それは、私たちにとてもたくさんのことを教えてくれました。二十世紀はまず普遍性の徹底的な追究に向けて走ったのです。そこで得られた素晴らしい成果を評価しながらも普遍性のみを追ったための問題点を考えるのが生命誌なのですが、まずはDNAに向かってさまざまな分野の研究が収斂《しゅうれん》する様子を図3―1に従って追っていきます。先に述べた進化、細胞、遺伝、化学（物質）という方向

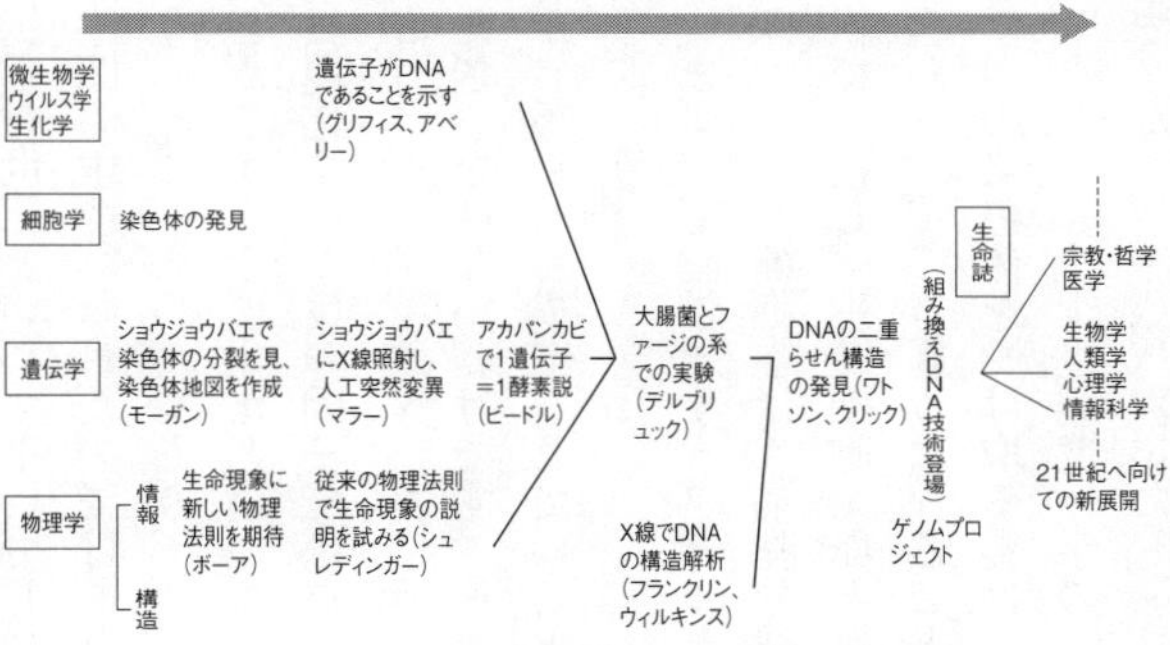

図3―1　20世紀の生物研究の流れ

づけにそって、遺伝学、細胞学、生化学、微生物学などという学問がどう展開していくかを見ていくわけです。しかも、ここで物理学が非常に興味深い関与をしますので、それも見ていきます。

遺伝学の世紀

二十世紀は、よく遺伝学の世紀と総括されます。メンデルの法則が発見当時は評価されず、一九〇〇年に三人の研究者によって同時に再発見されたのは象徴的です。二十世紀半ばにDNAの二重らせん構造の発見があり、二十世紀の終わりには、一つの生物のもつ全DNA、つまりゲノムの構造分析（ヌクレオチド解析）がバクテリアではいくつか終わり、ヒトのそれもほぼ完成の見通しが立ったのですから、まさに遺伝学の世紀といってよいでしょう。しかしこれらの研究は決して遺伝学という一つの学問の中で行われたのではありません。相手は生物、知りたいのは生きているとはどういうことなのかであり、それを知るための最も鋭いメスとして「遺伝子」を用いてきたのが二十世紀だといった方がよいと思います。遺伝子は、単に遺伝という現象を具現化するだけの因子ではなく、生命現象のすべてを支えています。成長や老化も遺伝子のはたらきです。ですから生きるということに関心のある人は遺伝子に興味をもたざるを得ないわけです。そこで、図3―1に従って、遺伝子がＤＮＡであり、それが二重らせん構造をしているという大発見へとつながっていく研究の歴史を見ていきましょう。

まず、細胞学です。フィルヒョウがいった、すべての細胞が細胞から生じる機構を探っていた細胞学は、細胞分裂の観察から染色体を発見し、体細胞では染色体は二本組で存在し、生殖細胞（卵と精子）にはその一本ずつが入ること、受精でまた二つが合わさって二本組みになることを明らかにしました。子どもは、父親と母親から一本ずつの染色体を受け取るわけです。

ここで、二十世紀遺伝学の元祖といってよいモーガンが登場します。彼は発生学者でしたが、一八八六年にド・フリースが発見した変異に注目します。これを利用すれ

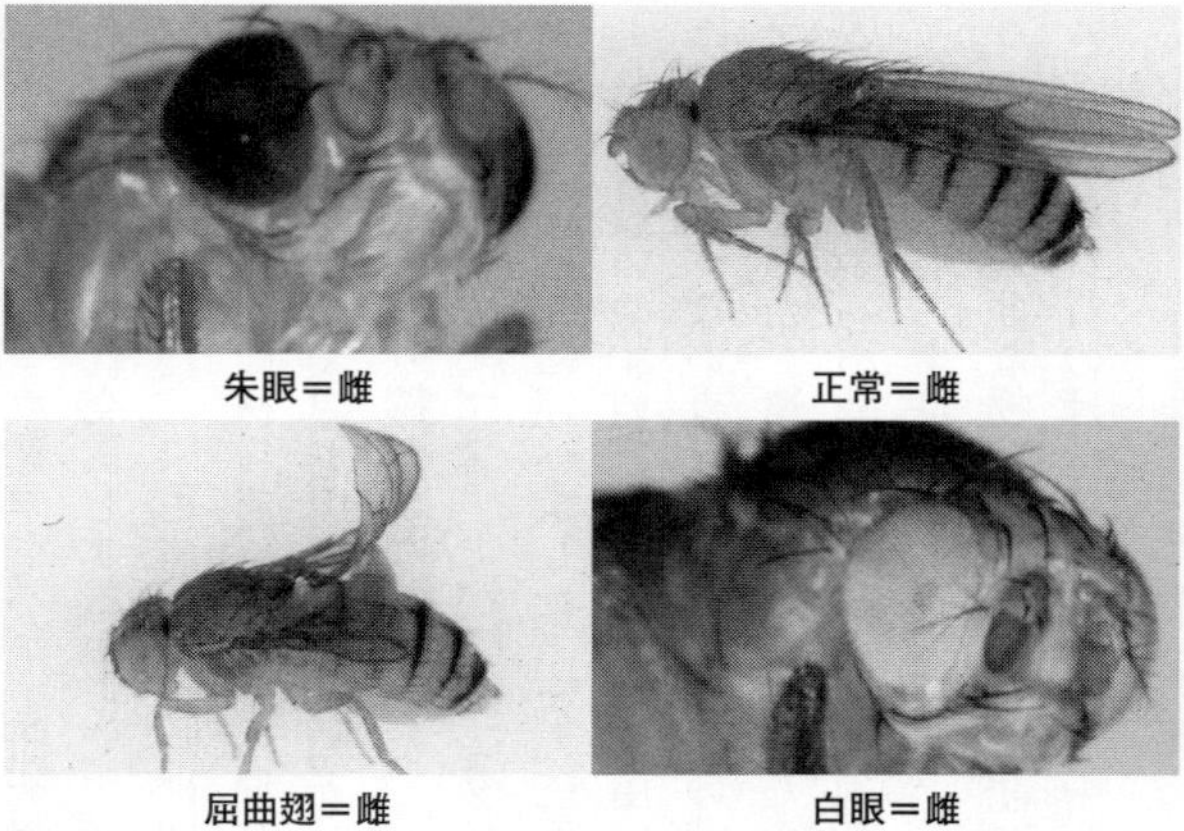

図３—２　ショウジョウバエの変異体

ば〝実験〟ができるぞと思ったのです。幸いショウジョウバエで白眼の変異体がとれ、続いて朱眼などもとれたのでそれらをかけ合わせたところ、複数の遺伝子が行動を共にすることがわかりました（図３—２）。そこで遺伝子は染色体にのっており、同じ染色体にのっている遺伝子は行動を共にしやすいと考えて、たくさんの遺伝子の染色体上での位置を決めました。遺伝子地図をつくったのです。ある遺伝子の変化がどの形質（性質のこと）の変化につながるかを解析し、メンデルが抽象概念として出した遺伝子を染色体上の因子という実体として捉えたのですから画期的な研究です。

モーガンがショウジョウバエを研究対象に選んだのは小さくて扱いやすく、二週間という速さで世代交代をするからです。能率のよい実験を重んじる現代生物学の先駆けです。彼はまた、染色体が分裂時に切断されることにも気づき、これが親の性質がそのまま子どもに移らず、いろいろ混じり合う原因だとしました。一九二七年、彼の弟子のマラーがX線を用いて人工的変異を起こせることを見つけ、〝遺伝子が物質である〟ことがより確かになりました。

物質といえば、ブフナーが酵素（タンパク質）反応で生命現象が動いていることを示したことは先に述べました。一九三五年、ビードルとテータムはショウジョウバエより更に扱いやすいアカパンカビを用いて、一つの遺伝子が欠落したために普通の栄養分では生えないカビが、ある一つの酵素が作る物質を入れてやると生えてくることを見つけました。遺伝子が欠けていたので酵素がつくれなかったということは、一つの遺伝子が一つの酵素をつくっていることの証《あかし》です。一遺伝子一酵素説が生まれます。こうして二十世紀前半、染色体上の遺伝子（DNA）と酵素（タンパク質）という〝二つの重要な物質で生命現象を語れる〟土台ができました。現代生物学が、DNAとタンパク質のはたらきの研究が中心になっているのはこのためです。

物理学者の関心——分子生物学の誕生

同じ頃、物理学者が生命に関心をもち始めました。その代表がボーアとシュレディンガーです。量子力学でミクロの世界まで統一的に理解できることを知った彼らにとって、未知の世界は生命でした。物体は常にエントロピーが増大する（簡単にいえば壊れる）方向へ動くはずなのに生命は秩序をつくり出す。なにか新しいことがそこにありそうだと考え、ボーアは「光と生命」という講演をし、シュレディンガーは『生命とはなにか』を出版しました。エンドウマメやハエなど〝生物〟という具体的存在ではなく〝生命〟の本質を問う物理学者の関心のもち方は、その後の生物学に大きな影響を与えます。

ボーアに刺激された若い物理学者デルブリュックが、遺伝学を勉強し、遺伝子のはたらきの解明こそ鍵だと考えます。一九三八年、米国に渡った彼は、そこで大腸菌に感染するウイルス、つまりファージの存在を知り、これこそ遺伝の物質的基礎を調べる最良の系と考えて実験を始めます。

遺伝子の実体がDNAとわかる

ウイルスであるファージはDNAがタンパク質の殻を被っているだけの簡単な構造

をしており、それだけでは生きられません。しかし、大腸菌の中へ入れば自分と同じものをつくります。その時、図3—3に示すように、実際に入るのはDNAだけなので、これが遺伝子とわかりました。入ったDNAは自分に必要なタンパク質をつくり、ウイルスを再生産する場合と、大腸菌のDNAの中へ入り込んで、そのまま大腸菌と共に存在し続ける場合があります。DNAの挙動としては後者の、他のDNAの中へ入ってしまうという行動はとくに興味深いものです。先ほどまで敵といってもよい存在だったものを、自分の一部のようにしてしまうのが、DNAの一つの特徴であり、これが生物の特徴を支えています。その後、あらゆる生物の遺伝子はDNAとわかり、大腸菌とファージを用いた研究は大腸菌のことをわからせるだけでなく、全生物に共通な現象を知るための「モデル系」だという意識を生物学者がもちます。これは二十世紀の生物学の特徴です。従来生物研究は自分の好きなもの、たとえばチョウならチョウを研究するものでした。しかし、遺伝学がショウジョウバエ、アカパンカビ、大腸菌と材料を変えてきたのは、それぞれの人がその生物が好きだからではなく、遺伝現象の解明に最適の生物はなにかという視点からの選択でした。それがデルブリュックという物理学者の参入で、より明確になりました。生命とはなにかを知るには遺伝現象を知るのが最もよい、遺伝現象を知るには大腸菌とファージの系が最も

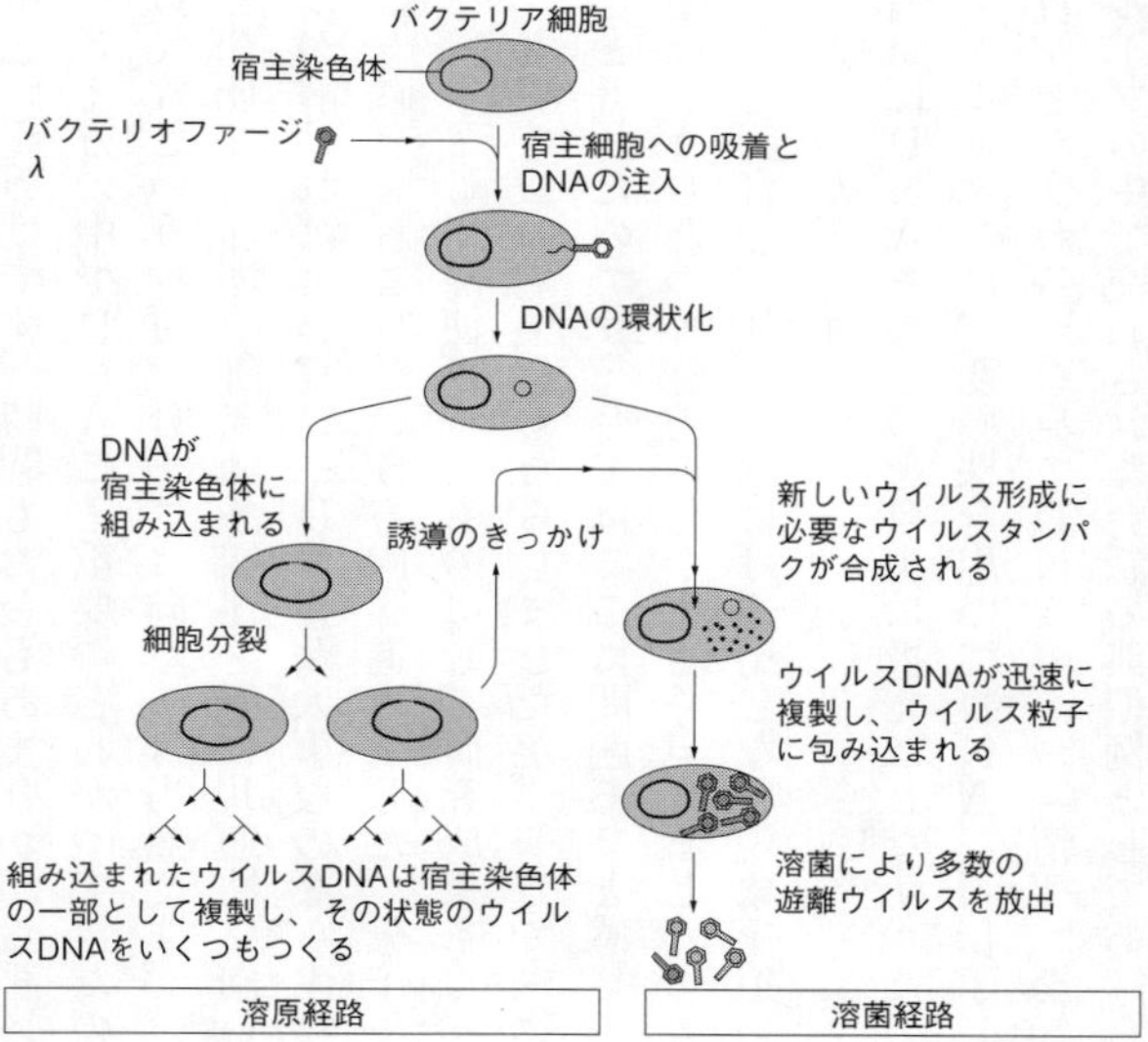

図３—３　ファージの感染　DNAだけをバクテリアの中に入れ、バクテリアの環境を使って自分をふやす（B．アルバーツ他著、中村他訳『細胞の分子生物学　第３版』ニュートンプレスより）

よいというわけです。時間もお金もあまりかからず、基本がわかるのですから。こういう考え方の中でDNAこそ重要だとわかってきたのですから、多くの研究者の関心がDNAという物質（分子）に向くのは当然です。

こうして、生物学研究は多様性を離れ共通性に向いたというだけでなく、生物のモデルが解ければよい、いやDNAが大事なのなら生物そのものは脇に置いて、DNAのはたらきを解こうという方向へ進みました。分子生物学の誕生です。これは、生物学を科学として洗練されたものにし、研究成果もぐんぐん上がる魅力的な学問にしていく素晴らしい効果をもたらしましたが、一方で生物学から生物を消すというふしぎなこともしたのです。今ではここに問題ありと感じるわけですが、分子生物学の初期の頃はどうしたって魅力の方が大きく見えました。カエルだミミズだといって、面倒な生物を飼育し、他の生物には通用しない現象を追いかけるのに比べて、はるかにカッコよかったのです。

当時はDNAそのものを自由に扱えはしなかったので、デルブリュックら（ファージ・グループ）は、変異株を用いてDNA（遺伝子）のはたらきが変わると大腸菌の性質がどう変わるかを見てDNAのもつ「情報」を知る実験をしました。ファージ・グループの中で交わされた会話の典型例としてあげられるのは次のようなものです。

「その実験はそれ以上その問題を考える必要がないようなものかね」「私にとっての天国は、毎日完璧な実験を考えて、それを一度だけやることだ」（ハーシー）。〝考える〟というのがこの分野の特徴でした。眼の前にある生きものをとりあえず調べるという従来の生物学と違って〝モデルで考える〟。これはまさに物理学の方法です。

実は、同じ物理学者で、まったく別の方向からDNAに近づいているグループが英国にありました。結晶物理学者ブラッグが、通常結晶しないと考えられている天然物も結晶構造をもつと考えたところから研究は始まりました。最初は毛髪のタンパク質から始め、一九三〇年にはDNAに手を出していました。X線回折で得られる写真はだんだん改良され、一九五〇年頃には明らかに規則的な構造があることを示す写真が撮れるようになりました。「情報」に対し「構造」に注目した地道な歩みです（図3—4）。

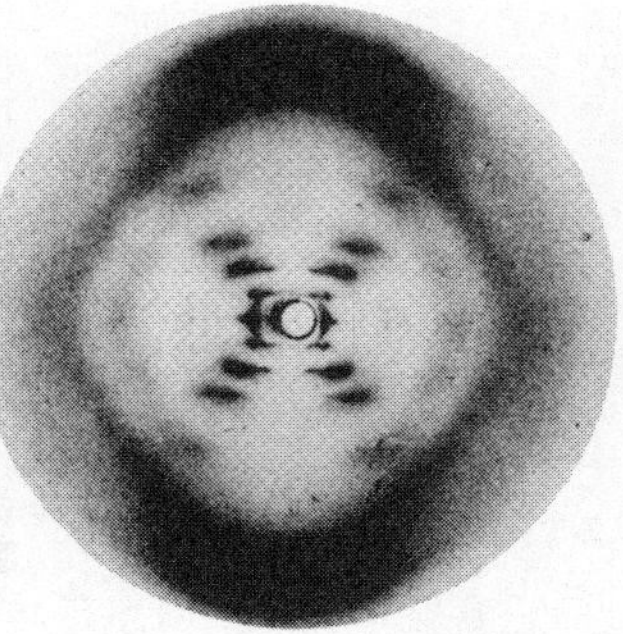

(R. E. Franklin and R. Gosling, Nature 171〈1953〉: 740より)

図3—4　DNAのX線回折図　この小さな点の位置からDNAの構造を知る（J．ワトソン他著、松原・中村・三浦監訳『ワトソン遺伝子の分子生物学　第4版』株式会社トッパンより）

ＤＮＡ二重らせん構造の発見

遺伝子がどんな「情報」をもっているかを調べる研究と、どんな「構造」かを見る研究。どちらも重要なことは事実なのですが、どこかまだ核心をつかんでいない状態の中、両者を結びつける青年が現れました。ファージ・グループの中核の一人ルリアの最初の教え子であるワトソンが、化学者ポーリングがタンパク質の構造を決定したことに刺激され、ＤＮＡの構造を知ることが大事だと考えて英国に行きます。〝その意気やよし〟ですが、彼は面倒なＸ線を用いた実験はせずに、研究室でちょっと変わり者とされていたクリックと議論ばかりして周囲の顰蹙《ひんしゅく》を買っていたようです。ところが、このお喋りの中で、彼らはＤＮＡの構造の本質を見つけ出し、他の研究者が撮影したＸ線写真を参考に、ブリキの模型をいじりまわして、ついにＤＮＡの二重らせん構造を発見します。一九五三年のことです。

今では専門外の方も御存知のこの構造は、二つの鎖が分かれて、お互いに新しい相手をつくると前とまったく同じ構造のものが二つできるという、まさに遺伝子そのものを思わせる性質をもっていました。こうして、「構造」の中に遺伝子「情報」が入っており、生物としての「機能」につながっていくことがわかり、ここで本格的にＤＮＡという物質に基盤を置いた生命現象の解明が始まります。

DNAを基盤にした生物研究

DNAは、これだけで一冊の本ができるほど語るべきことがたくさんありますが、残念ながらここでは詳細に説明する余裕がありませんので簡単にまとめます。

DNAは、「複製する」「タンパク質合成のための情報を出してはたらく（この場合、単にタンパク質を生産するだけでなく、必要な時に必要な場所で必要なタンパク質をつくるという調節のための情報もあり、これが生物を生物らしくしている）」「変わる（これには、生殖細胞での場合と体細胞での場合があって、前者は子孫に伝わって、ひいては進化につながり、後者は一個体での病気や老いに関わる）」の三つの機能をもっています（図3—5）。三つしかもっていないといってもよいかもしれません。しかし、この機能がすべて、DNAという分子だからこそできることであり、しかもこれで、私たちが生きもののふしぎと感

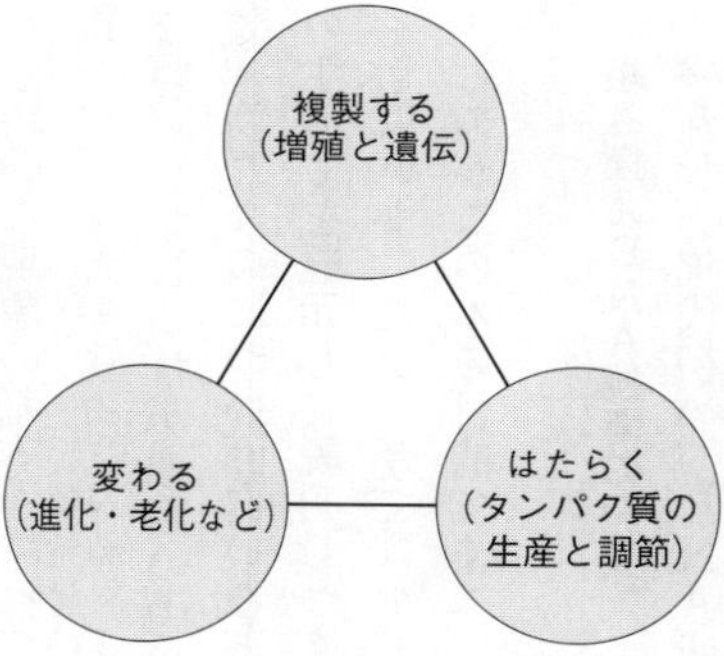

図3—5　DNAの三つの機能

じる巧妙な現象の基本をすべてまかなっているのですから、やはりDNAは面白い物質です。くどいようですが、DNAは物質です。これが生きているわけでもなんでもない。しかしこれが細胞の中ではたらき始めると魅力的なことをやってくれるわけで、物質なのについ面白いなどという形容詞をつけてしまいます。遺伝子に生命現象のすべてを還元して説明しつくそうと研究者が張り切ったのは当然です（私も最初はそう思いましたが、今では少し考え方が変わってきています。その変わったことを伝えるのがこの本の目的です）。

組み換えDNA技術の開発――第二期分子生物学

一九七〇年代初め、DNA研究に革命が起きます。ある生物のもつDNAの中から特定の遺伝子を取り出して、プラスミドと呼ばれる小さなDNAに組み込み、それを大腸菌などの微生物の中でふやす「組み換えDNA技術」（図3―6）とDNAヌクレオチド配列を知る「分析技術」が開発されたのです。これは大きなことです。それまではDNA、DNAといいながら、直接それを扱うことはできなかったのに、望みの生物の望みのDNAを手にしてその性質を調べられることになったのですから。もうモデル生物などといわなくとも、自分の調べたい生物のDNAを取り出して調べればよいのです。ヒトでさえ、ほんの少しの細胞があればそこからＤＮＡを取り出し、研究できます。ヒトの研究ができるなどとは思ってもいなかったのに思いがけない展開です。ＤＮＡの組み換えとヌクレオチド分析という方法のおかげで免疫、発生、脳など、それまで複雑でＤＮＡと結びつけた研究ができなかった現象や組織の研究がぐんと進みました。免疫抗体の遺伝子、体の形を決める遺伝子、細胞間のコミュニケーションを司る遺伝子、脳の神経伝達物質をつくる遺伝子、がんの遺伝子などなど……あらゆる生命現象に関わる遺伝子が単離されその性質が調べられています。実は最近

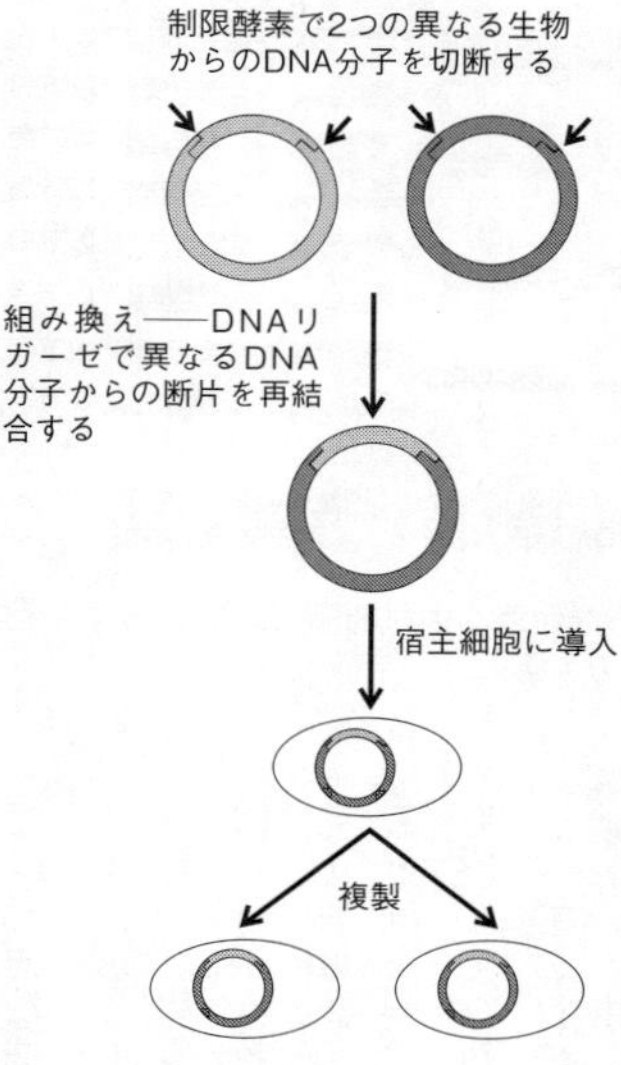

制限酵素で2つの異なる生物
からのDNA分子を切断する
組み換え――DNAリ
ガーゼで異なるDNA
分子からの断片を再結
合する
宿主細胞に導入
複製

図３―６　組み換えDNA技術（J.ワトソン他著、松原・中村・三浦監訳『ワトソン遺伝子の分子生物学第４版』株式会社トッパンより）

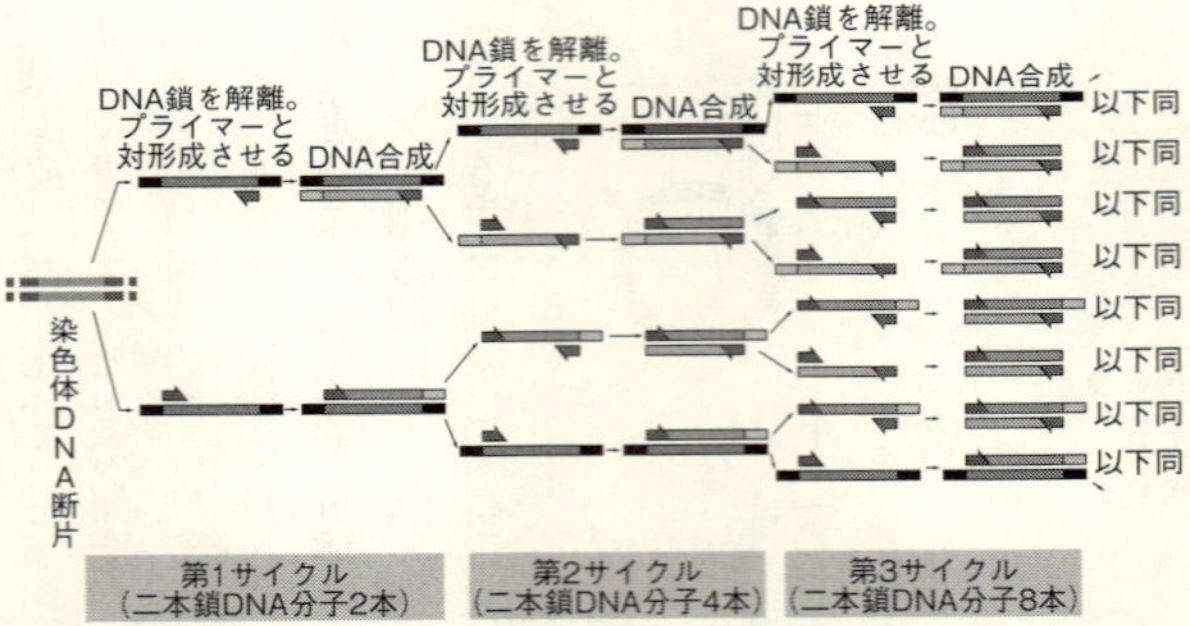

図3―7　PCR法（B．アルバーツ他著、中村他訳『細胞の分子生物学　第3版』ニュートンプレスより）

では必要な遺伝子を手に入れるだけだったらPCR法（図3―7）といって、機械の中に欲しいと思うDNAをほんの少し、原理的には一分子入れておけばどんどんふやしてくれる方法があり、大腸菌でふやすという面倒なことは不要になりました。技術は進み、研究も盛んで、毎日面白い発表がある。研究者にとってこれほど魅力的な状況はありません。しかも人間の病気の遺伝子が見つかれば治療にもつながるのですから、単に研究として興味深いだけでなく、有用性も出てきました。ますます、遺伝子さえ研究していけばすべてがわかるという気持ちになって当然です。

とくに、がん遺伝子の研究は期待をもたせました。最初にがん遺伝子が発見された時はこれで決まりだ、がんを追いつめたと思わせました。ところが実は、がん遺伝子はたくさんあり、しかもそれは本来細胞増殖の調節に関わる複雑な現象の一つを支えるものとわかってきました。正常な細胞ががん細胞になるまでにはいくつもの段階があります。当然のことながら、がん抑制遺伝子も登場します。巧みに調節を受けながら増殖していた細胞の遺伝子に少々変化が起きることでがんになる、つまり生きていることを支える細胞増殖の調節がおかしくなったのががんなのです。がんを知ることは生きていることを知るのと同じということになります。

そこで、アメリカのがん研究のリーダーの一人ダルベッコが、一九八六年に、ヒトゲノム解析の提案をしました。ゲノムとは、一つの細胞の核内にあるＤＮＡのすべてです。ヒトゲノムはヒトを支える生命現象のすべてを担当するわけです。遺伝子を一つ一つ調べていてもがん化のような複雑な現象はわからない。全体を見よう、遺伝子をシステムとして見ようという新しい方向をめざした提案です。遺伝病の研究者たちからも、別々に一つ一つの病気を調べるのでなく、皆で協力して、全体を調べようという動きが出ました。遺伝子をＤＮＡとして実際に調べられるようになった第二期から、ゲノム全体を調べようという第三期の分子生物学への移行です。

ここでＤＮＡ研究が少し変化していく様子が感じられます。一個の遺伝子への還元ではなく、たくさんの遺伝子がつくりあげるゲノムというシステムのはたらきを見ていこうというのですから。生物のダイナミズムに迫れそうな気がします。

それにしても、十九世紀までの一〇〇〇年以上かけた歴史と比べてなんと速いテンポでしょう。一〇年での大変化です。専門家でも、少し離れた分野の研究は追いかけられなくなっているので、ましてや専門外の方がそれを知るのは難しいのですが、とても大事なところなので基本の考え方のところだけは是非追いかけてください。遺伝子からゲノムへとせっかく研究がこれだけ変化しているのに、社会の理解は一昔前の遺伝子に還元してすべてを説明しようという還元論に止《とど》まっていたのでは、研究と社会の間にずれが起きるだけでなく、研究をうまく進められませんし、技術も適切に使えません。ゲノムという全体を通して見た方がはるかに生物は面白く見えるのに、それが見えてきません。これは、社会にとってマイナスです。そこで以下の章では、新しい道探しにつながる動きについて語っていきます。細かい事実よりも考え方に注目してくださるとありがたく思います。

第４章　ゲノムを単位とする――多様や個への展開

前章でＤＮＡ中心に徹底的に共通性に傾斜した研究の歴史を追いました。これをもう一度括り直すと、

⑴ＤＮＡが情報（記号）としてだけ見えていた一九六〇年代まで
⑵ＤＮＡを物質として操作でき、遺伝子が手に入った時代（一九七〇年代から八〇年代半ばまで）
⑶ＤＮＡを遺伝子のセット（システム）であるゲノムとして見る時代（一九八〇年代半ばから）

となります。今は⑶に入りつつあるところで、遺伝子への還元、共通性への傾斜は崩れつつあるといってよいでしょう。研究の結果からもそれがわかってきました。とても興味深いことがたくさんあります。この本はＤＮＡ研究の紹介を目的としたものではないので、いくつかの例しか扱えませんが、そこからだけでも面白さを読みとっていただけると思います。

○ＤＮＡを物質として分析したりはたらかせたりして、多細胞生物での研究が進んだ結果、ＤＮＡのはたらきは大腸菌とゾウ（原核生物と真核生物、単細胞生物と多細胞生物という差があるが、一九六〇年代には「大腸菌での真実はゾウでも真実だ」といわれた）で本当に同じであることが実証されると同時にすべてが同じというわけではないこともわかりました。組み換えＤＮＡ技術を用いてヒトの遺伝子を大腸菌の中へ入れてはたらかせることができます。たとえばインスリンという血糖値の調節に重要な役割を果たすホルモンをつくるヒトの遺伝子を大腸菌に入れると大腸菌は律義にヒトのインスリンをつくります。これはヒトも大腸菌も遺伝子のはたらき方が同じであることを具体的に示したとても大事な事実です。しかし一方、ヒトの遺伝子は大腸菌の中でそのままはたらきはしないこともはっきりしました。はたらきなさいという命令を出す、調節遺伝子の部分は、やはり大腸菌のものでなければいけないのです。生きものすべての共通性を踏まえたうえでもう一度ＤＮＡの側から多様性に迫ることができるようになったのですから面白い。同じでありながらそれぞれの特徴もある。まさに生物の本質がＤＮＡのレベルでも見えてきました。

○ＤＮＡを詳しく調べるとその中に明確に遺伝子とはいえない部分がたくさんあることがわかりました。スペーサー（遺伝子と遺伝子の間にあってはたらいていないＤ

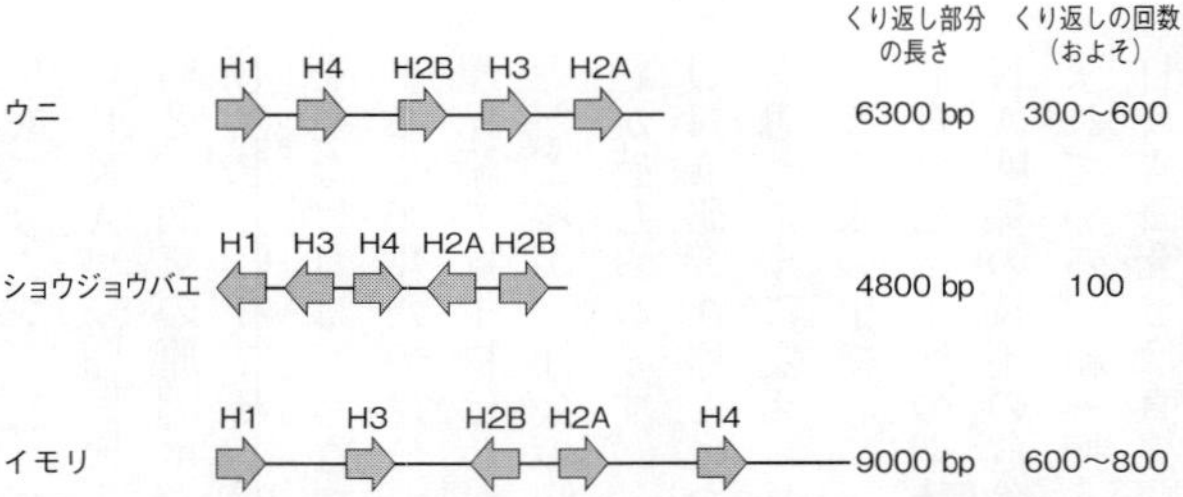

(1)ヒストン（染色体にあるタンパク質）遺伝子クラスターのくり返し。どれもH1、H2A、H2B、H3、H4の5種のタンパク質をもち、この一塊のDNAを右欄に書いた回数だけくり返している。矢印の間の部分はスペーサーで、はたらいていない。
(C. C. Hentschel and M. L. Birnstiel, Cell 25〈1981〉: 301–313のデータより)

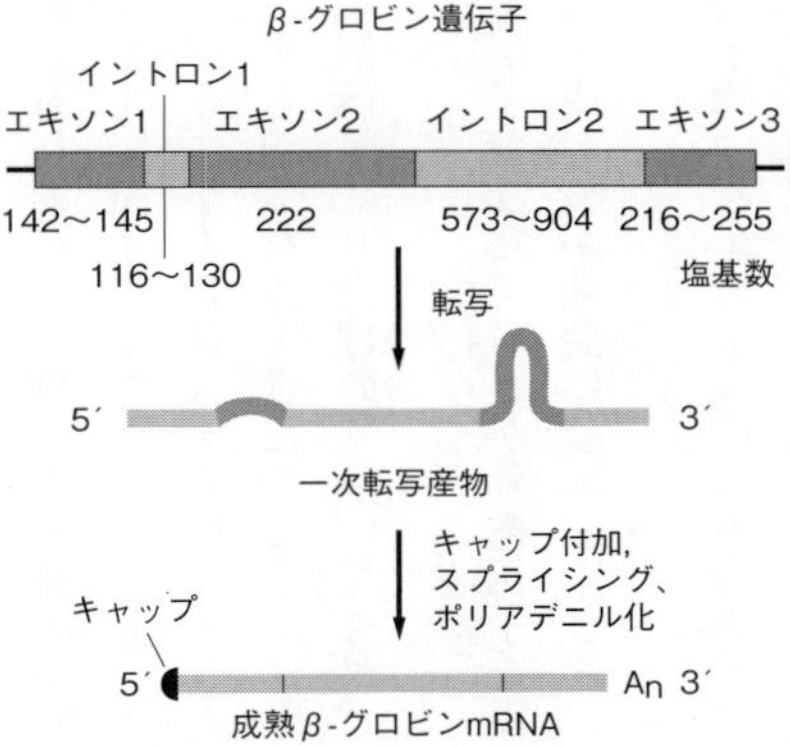

(2)β-グロビン遺伝子の構造とイントロン除去

図4—1　真核細胞（とくに多細胞生物）に特有のDNAの構造（J．ワトソン他著、松原・中村・三浦監訳『ワトソン遺伝子の分子生物学　第4版』株式会社トッパンより）

NA)、イントロン（遺伝子の中にあるのだが、タンパク質の生成に関与していないDNA)、偽遺伝子、くり返し配列などです。もっとも、くり返し配列の数が多いと、病気の原因になるなどということもわかってきましたので、このような部分も生きていることと関係があるに違いありません。DNA＝遺伝子ではなく、全体を見なければならないことは明らかです（図4―1)。

ここで見たのはほんの一部ですが、とにかくDNA＝遺伝子とした単純な遺伝子還元論では生物はわからないことが明らかになってきたのです。

ところが、社会の側には、どうも遺伝子祀り上げの風潮が見られ、次のような問題が感じられます。

○DNA研究が盛んになるにつれ、遺伝子でなんでもわかり遺伝子を操作すれば生物を思うように変えられるという遺伝子決定論が社会に蔓延してきた（むしろ専門家でない人の中で)。

○過剰な遺伝子への期待や、遺伝子決定論の考え方が、逆に生物研究で用いられるDNA関係の技術の危険視につながり、専門家と社会の間に大きな認識ギャップが生まれている。組み換えDNA技術は危険だという反応がその一つ。

○DNA研究とは直接関係のない、生殖技術・臓器移植などで、新しい症例（技術の開発というより応用）が続き、その背景には機械論的自然観がある。それと遺伝子還元論とがかさなって、生きものである人間が消えていく危険が感じられる。

前章で、生物研究はDNAを物質として操作できる時代に入り活気を呈したけれど、生物そのものを扱わずにDNAを調べるだけで生物研究ができる時代になったと述べましたが、そのマイナス面が出て来ている感じです。しかも、研究者以上に社会の方が遺伝子信仰に偏り、それゆえに遺伝子を扱う技術を恐れているという状況が続いています。なんでも遺伝子で説明できるなどと思わず、生きものを生きものとして見ていくことができ、しかも遺伝子の能力は活用できるようになってきたはずなのに、そこからかけ離れた遺伝子像、生物像ができてしまっています。これはまずい。これをなんとかしたい。だいぶ悩みました。その結果、遺伝子を単位とし、遺伝子の集まりとしてゲノムを見るのではなく、「ゲノムを基本単位として見る」という切り口を出そうという考えに達しました。これが生命誌になります。ゲノムだってDNAじゃないか。ゲノムを単位にすると何が違ってくるのか。こういう質問が出るでしょう。当然です。これはとても大事な点なので詳しく説明します。

ゲノムを単位とする

ゲノムとはなにかについて身近な形で考えます。あなたの体は、六〇兆から一〇〇兆個といわれる細胞でできています。その細胞一つ一つの中にあるDNAのすべてをゲノムと呼ぶのです。細胞内小器官があるミトコンドリアにもエネルギー生産のためにはたらいているDNAがありますが、大部分は核にありますので、ゲノムといったら大雑把には核内のものとしてもよいでしょう。ここで、あなたという存在の始まりに戻ると、それはたった一個の受精卵です。それが分裂をかさねて今のあなたになったのですから、すべての細胞は受精卵と同じDNA（ゲノム）をもっています。受精卵のDNAは、半分を父親、半分を母親から受け継いだものであり、両親のDNAは更にその親から続いてきたものです。こう考えるとあなたのゲノムは、祖先を通じて人類の始まりにつながり、更には地球上に最初に登場した最初の生物につながります。つまり、あなたのゲノムには、生命誕生以来の長い歴史（三八億年以上とされる）が書き込まれているのです。ゲノムを知ることはその歴史を知ることになります。生命誌（バイオヒストリー）です。

もちろんゲノムを分析すればその構成成分として遺伝子があり、それはたくさんの情報を与えてくれます。あなたのゲノムの中でも、この遺伝子は父由来、これは母由

ヒト	GKVKVGVDGF	GRIGRLVTRA	AFNSGKVDIV
ブタ	VKVGVD F	GRIGRLVTRA	AFNSGKVDIV
ひな鳥	VKVGVNGF	GRIGRLVTRA	AVLSGKVQVV
ウミザリガニ	SKIGIDGF	GRIGRLVLRA	ASCGAQVVAV
酵母菌	VRVAINGF	GRIGRLVMRI	ALSRPNVEVV
大腸菌	MITKYGINGF	GRIGRIVFRA	AQKRSDTEIV
好熱性細菌	AVKVGINGF	GRIGRNVFRA	ALKNPDIEVV

表4―1　グリセルアルデヒド三リン酸デヒドロゲナーゼ遺伝子の共通性（W. ルーミス、中村訳『遺伝子からみた40億年の生命進化』紀伊國屋書店より）

来などの区別があるわけですし、それぞれの遺伝子のはたらきを知ることも大事です。二〇〇〇年という現時点で、世界中の研究者の協力によって進められているヒトゲノム解析計画の第一の目的は、遺伝子を調べることです。そして、ある遺伝子の機能が欠けているために起こる病気を知り、医療に役立てようということが大きな目的になっています。もちろんこれも大事な作業ですが、やはり私は、遺伝子でなくゲノムを単位とする見方が必要であり、ゲノムの中に書き込まれている歴史を知ることが大事だと思っています。たとえば、さまざまな生物で、同じ機能を示す遺伝子を比較すると、それらは基本的に同じ構造をしていると考えてよいことがわかってきました。表4―1は、糖分解に関与するグリセルアルデヒド三リン酸デヒドロゲナーゼ遺伝子の構造ですが、重要な部分はどの生物でも同じとわかります。おそらくこれは生存のために不可欠な酵素なので、大腸菌、好熱性細菌などがこの世に登場した三〇億年以上前から存在し、あらゆる生物の中で活躍してきたのでしょう。つまり遺伝子は〝ヒトの遺伝子〟〝大腸菌の遺伝子〟というより、〝ある酵素の遺伝子〟〝あるホルモンの遺伝子〟という方が適切なのです。もちろん、長い間に少しずつ差は出ますが、やはり遺伝子の特徴は共通性です。このような遺伝子が、ある組み合わせで集まり、そこに前に述べたスペーサーやイントロンなどのDNAもため込むなどして一つのセットを構成し、ゲノムとなるとこれはまぎれもなくヒトゲノム、大腸菌ゲノムという一つのまとまりとなり、多様性を示します。しかも同じヒトでも、一人一人もっているゲノムが違う（例外は一卵性双生児）わけで個別性があります。DNAという共通の物質であり、共通の遺伝子を組み合わせながら、多様や個別をつくり出すのがゲノムです。私たちが生きものを見る時、同じというだけで終わっては生きものらしさが見えてきません。多様と個別がなければ楽しさが出てきません。

更にゲノムの面白いところを見ていきます。その一つは、あなたのゲノムは、ヒトゲノムでもあるし、あなたのゲノムでもあるということです。生物研究での難しい問

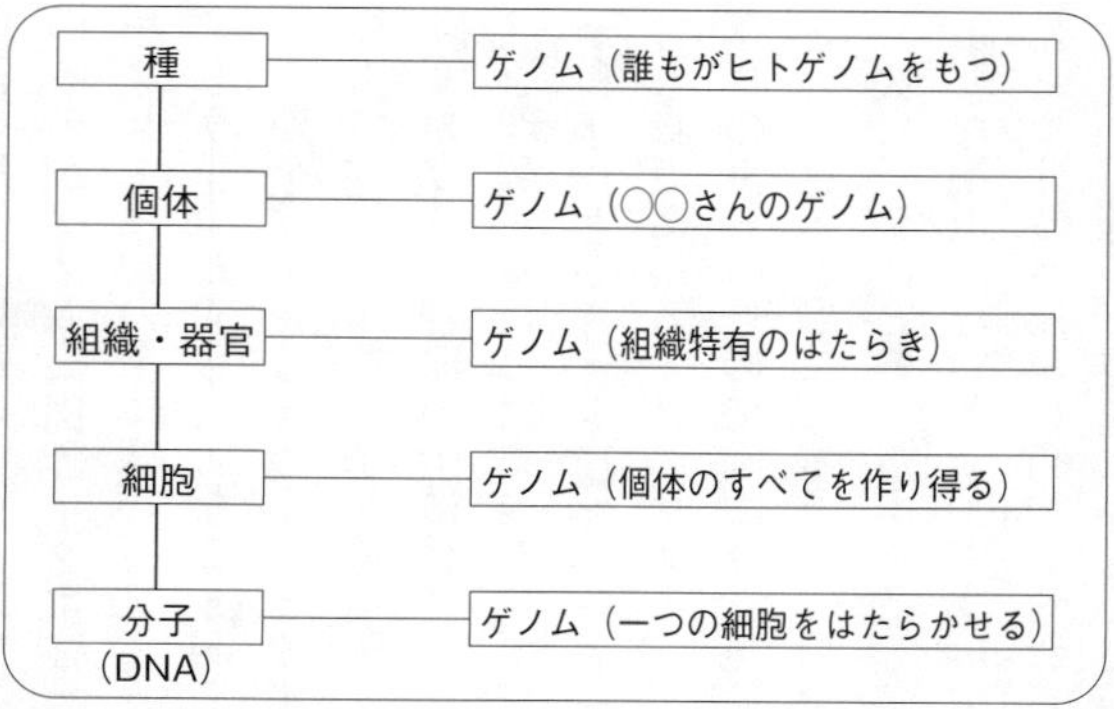

図4―2　階層を貫くゲノム　生物の基本単位が見え、生物を総合的に語れる

題の一つに、階層性があります。生物を研究しているといっても、分子を研究している人もいれば、細胞を調べている人もいます。組織や器官、個体、種など調べるものはいくらでもあります。DNAやタンパク質などの分子が集まって細胞をつくりますが、細胞には単なる分子の集合体とは違う、全体としての性質があり、それは一つの単位として存在します。細胞の集まりである器官、器官の集まりである個体についても同じことがいえます。それぞれが上の階層の部分であると同時にそれ自身全体性をもっているのです。ところでゲノムは分子ですが、細胞内には必ず存在し、その細胞の基本を決めます。器官や組織特有のはたらきもゲノムが決め、個体や種の基本的

性質を決めているのもゲノムです。つまり、階層を下から上までグッと串刺しにしているのがゲノム（図４―２）。こんなものはこれまで知られていません。そこでこれを通して生物の全体像が見えてきそうな気がするのです。

もう一つとても大切なことがあります。自然界に存在するＤＮＡは、必ずゲノムという姿をしているということです。イヌが歩いていればそこには必ずイヌゲノムがあるということです。一方、遺伝子が遺伝子として自然界に単独で存在することはありません。実験室のガラス容器の中にゲノムから単離した形であるのが遺伝子です。科学は本来自然を理解するためにあったはずですが、いつのまにか専門家が研究室の中で行う分析が科学だということになってしまい、自然や日常と遠くなりました。ゲノムの理解は、身近にいるイヌのゲノム、アリのゲノムへの興味が基本のはずです。ＤＮＡはミクロの世界のもので肉眼では見えませんが、ゲノムとなって発現すれば、イヌやアリという見える形になるというのも面白いことです。

次に、全体という点も指摘しておきたいと思います。生物を考える時に全体性ほど重要な視点はないといってよいでしょう。日常はいつもこれで見ています。科学がなんとなくうさん臭い目で見られるのは、本来全体として存在しているはずの部分を切りとり、分析、還元に専念しているように見えるからだと思います。しかし、全体が大事だとお題目を唱えても、科学としてそれに迫る方法論がなければしかたがありません。とりあえず分析でわかることを追おう、そこからも充分興味深いことがわかるのだからということになります。それが現在の科学者の立場でしょう。ところで、ゲノムは全体でありながら一〇〇％ＤＮＡであることがわかっているのですから分析可能です。すでに微生物では、大腸菌、枯草菌、酵母など四〇種以上、それに線虫や植物のシロイヌナズナも全ゲノムのヌクレオチド解析が終わっています。そこで、ゲノムを構成している基本原理、つまりある種の構造を探る準備が整いました。現存する最も簡単な細胞はマイコプラズマですが、これがもっている遺伝子の数が約五〇〇個、大腸菌では四七〇〇個、ヒトでは一〇万個といわれています。もっとも最近ヒトゲノム解析が進むにつれ、五万個くらいではないかという声も出ており、まだはっきりしていません。これは間もなくわかるでしょう（注＊）。多様な生物のゲノムを比べていくと、遺伝子が多様化し新しいゲノムができる過程が見えてくるはずです。事実、微生物の中でもゲノム構造の多様性があることがわかっています。ゲノムの全体像が見えてもそれだけでは生物、とくにヒトのような複雑な生物がわかったということにはなりませんが、興味深いことが明らかになることは間違いありません。

共通性と多様性を結ぶ

生物の本質を知るには共通性と多様性を同時に知りたいのだけれど、その方法がないために長い間、共通性を追う学問と多様性を追う学問が独自の道を歩いてきたと述べました。しかも二十世紀は、ぐんと共通性の方に傾いて、遺伝子がわかればすべてがわかるかのように思われてきたきらいもあります。ところで、ゲノムを切り口に用いれば、DNAに関するこれまでの知識を百パーセント活用したうえで多様性や個性にも迫れるということは両者をつなげる見通しが出てきたということですから、興奮します。プラトンとアリストテレス以来できなかったことができるようになる。ちょっと大げさですが、そういってもよいと思います。

では、多様性を追ってきた博物学、分類学は今、どのような状態になっているでしょう。分類学の祖リンネの書いた『自然の体系』（一七三五年）には九〇〇〇種ほどの生物種があります。今、私たちが手にする生物分類表には約一五〇〇万種がとりあげられています。二五〇年でこれだけの数の新種を発見し、同定したのですから、たいへんな成果です。しかし、研究者の好みや地域などのせいで、生物種によってはほとんど研究されていないものもあります。

地球上に果たしてどれだけの生物種があるのか。現代なら博物学はこのような問いをもって当然と思いますが、つい最近までそのような問いはなされなかったというのも生物学の歴史として興味深いことです。ここで注目すべきは、ニューヨーク自然誌博物館のアーウィンらが、パナマにあるスミソニアン野外研究施設で行った調査です。熱帯雨林の昆虫はあまり陽のささない地面にはおらず林冠にいるので、アーウィンは一九本の樹木を選び三シーズンにわたり下から殺虫剤を吹きつけ、下に敷いたビニールシートに集まってくる昆虫を調べました（図4―3）。すると、なんと既知のものは四%しかなかったのです。ここから逆算すると、昆虫は全体で三〇〇〇万種いることになります。実は多様性を誇るのは昆虫で、生物全体の五三%を占めているので、これを調べるのが全体を知るのに最適なのです。

図4―3　下からいぶしてビニールシートに落ちてきた生物を調べるアーウィン（E. ウィルソン、大貫昌子・牧野俊一訳『生命の多様性』岩波書店より）

　それまでは自分の好みで研究をしていた博物学者がなぜ今になって地球全体の様子を知ろうとし始めたのか。二つの理由があると思います。

最初に述べたように、人類が宇宙に飛び出し、地球を一つの星と考えるようになったことが一つ。一方、地球環境問題があります。多くの国で自然破壊が進み、生物種がどんどん消滅しているという報告があり、今のうちに調べておかなければ消えてしまう生きものがあるという危機感が生まれました。こうして、地球全体を身近に感じるようになる以前は、全体を調べようという気持ちが起こらなかったのだと思います。多様性の宝庫といえば熱帯雨林ですから、そこの調査が行われることになったのです。以来多くの研究者がその重要性に気づき、東南アジアでも研究が進められました。カリマンタン島では昆虫類が五〇〇〇万から八〇〇〇万種いるというデータが出ました。多様性についてなにも知らなかったことがわかります。人間、なんでも知っているような顔をして、生意気なことをいってはいけないという反省材料です。

現在、多様性の研究はとても興味深い展開をしています。アーウィンの方法は、標本蒐集にはなるけれど、実際に熱帯雨林の中で生きものがどのように暮らしているのかはわかりません。生きたままを調べたいのですが、林冠は低いところで四〇メートル、高いと七〇メートルもあるのでなかなか到達できません。けれども近年飛行船を飛ばすなど、さまざまな工夫がなされるようになりました。その中で、京都大学教授だった故井上民二さんはツリータワーとウォークウェイ（樹登り用の梯子と樹間をつなぐ橋）をみごとに設計し、マレーシア・サラワク州で生きた熱帯雨林、ダイナミックに動いている熱帯雨林を捉えることに成功しました（図4―4）。ここでは彼らの仕事を詳細に紹介する余裕がないのが残念ですが、送粉共生（花粉はほとんど昆虫が運ぶ）、種子散布共生（鳥や哺乳類が種子を運ぶ）、被食防衛共生（植物が化学防衛をしたりアリとの共生をする）、栄養共生（キノコ類と植物が共生しお互いに栄養分を与え合っている）など、さまざまな生きものがお互いに関係し合いながら生きている姿に関してみごとな成果をあげました。それについては、井上民二著『生命の宝庫・熱帯雨林』（ＮＨＫライブラリー）を是非読んでいただきたいと思います。実はこれはこの本と同じようにＮＨＫ人間大学のテキストとして書かれたのに、井上さんが事故で亡くなり放映されなかったものです。とても

図4―4　ツリータワー（右）とウォークウェイ（左）（井上栄子氏提供）

素晴らしい本です。

熱帯雨林まで行かずとも、足元の地中や海中も多様性の宝庫であり、それぞれ研究が始まっています。最近、地中の奥深くにイオウや鉄などを分解して生きている単細胞生物がいるという、生命の起源につながる興味深いデータも出ました。

生物の多様性については、おおよその種の数がわかり、多様性が保たれている様子を知る「方法」も手に入りました。科学としては、方向が見えこれからぐんぐん成果が出るところに到達しました。一方、共通性については、地球上の全生物はＤＮＡを基本としていることがわかったのですから、今やどちらも来るところまで来たといってよいでしょう。ここで、それぞれの道を極めることも必要ですが、そろそろ両者をつなげられないかとは誰もが思うことではないでしょうか。ここで前に述べたような可能性をもつゲノムが登場したのですから、これに注目しないのはもったいない！

多様な生物のゲノムがどうなっているかを見ていきましょう。最も簡単なデータとしてゲノムサイズを見ます（図４―５）。予測通り、簡単な生物であるバクテリアや菌類はゲノムサイズが小さく、複雑になるほど大きくなっています。しかもそれは、地球上にその生物が登場した順番になっています。これは、生物の多様化が、共通の祖先からだんだんに新しい生物が生まれてきた過程、つまり〝進化〟とかさなること

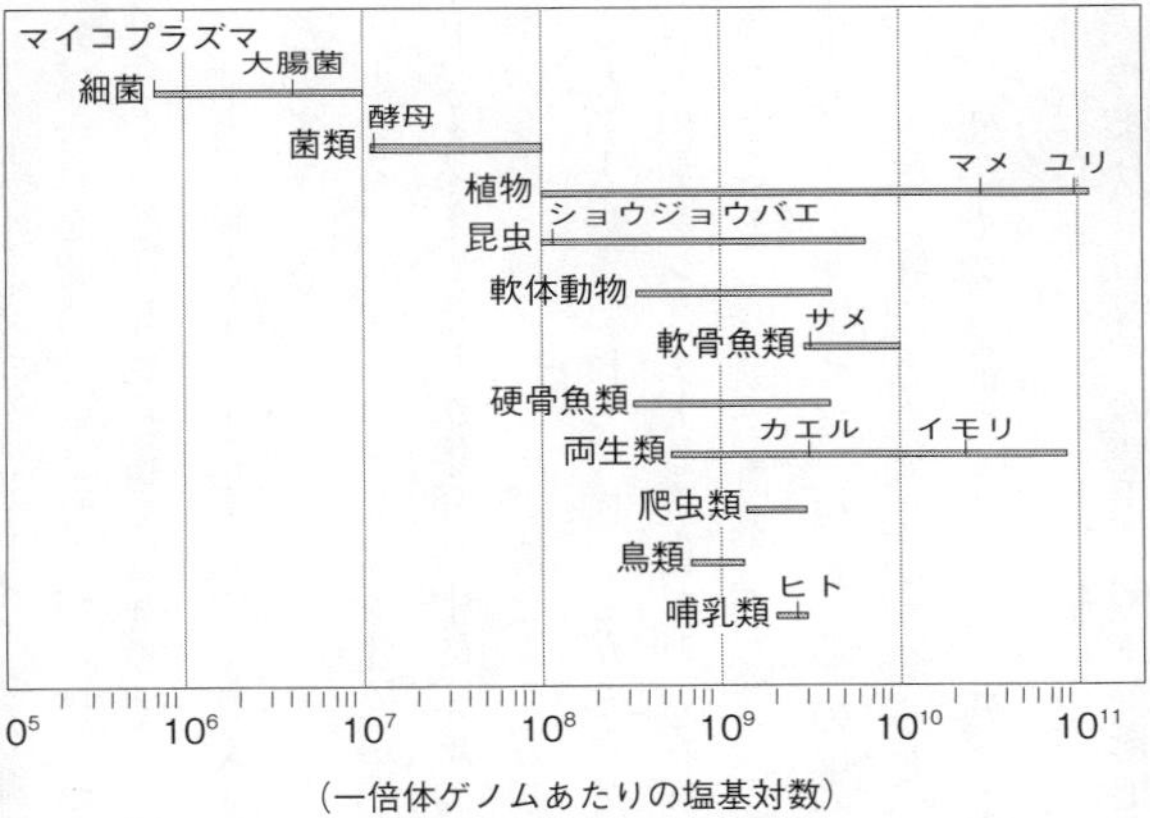

図4—5　さまざまな生きもののゲノムの大きさ

を示しています。

進化というとダーウィンの進化論が有名であり、彼の自然選択を進化の要因とする考え方に対して棲み分けなどの要因を出し、新しい進化論とするなどの論争がありますが、今大事なのは、進化という現象に眼を向けることです。ダーウィンの時代は進化という概念自体がまだ説(theory)であり、学問として確立していませんでした。とくにキリスト教社会ではこの概念を受け入れてもらうこと自体が大変なことだったのです。同じ頃細胞説(cell theory)が出されましたが、今では生物がすべて細胞という単位から成ることは認められていますので、

〝説〟はとれました。進化も今では事実として認められています（キリスト教原理主義はこれを認めていませんが、ローマ教皇も一九九八年にダーウィンを認める白書を出しました。もっとも人間の霊魂は特別なものであるとしたうえでのことですが）。つまり、現在では進化も論ではなく、実験・研究の結果を検討する進化学になっているのです。

　ところで、ダーウィンは、変異が起きた場合、それがある環境の中で形態として有利であると、それが集団の中に広まって進化につながるといったわけです（日本語の突然変異という言葉が事情をよく表しています。ある日突然変わった形や色の個体が現れるという気持ちです。しかし今では人為的に変異を起こせます。しかも変異はＤＮＡ内ヌクレオチドの変化だということもわかっていますので、もう突然はとって変異でよいでしょう）。自然選択は、常識に合う見方です。しかし、変異はＤＮＡに偶然起こるのであって、ほとんどの場合は、よくも悪くもない（中立）か、悪いかです。たまたま起きた変化が素晴らしい性質を示すなどということは滅多にありません。悪いものは消えますから、残るものの多くは中立の変異ということになります（中立変異説）。

　つまり、ＤＮＡの変化、個体が誕生するか否かの選択も含めての個体の変化、集団

DNAの変異	個体の誕生	形質の変異（個体）	集団
有利な変異	DNAの変異の結果、個体が発生しなければ消失。ここでの選択は厳しい。個体ができた場合のみ、次の段階へ。	生存に有利	自然選択で集団に広まる
中立変異		有利でも不利でもない	うまく生き残れば、変異が集団に広まる
不利な変異		生存に不利	消失する

表4—2　DNAに起こる変異とその個体・集団での現れ方

の変化という三段階の変化があって初めて進化が起きます（表4—2）。まず、変異は他でもないＤＮＡに起こるのですから、それを分析して研究を進めることができます。分子進化です。分子進化を追っていくと、さまざまな生きものがどのようにして今の姿になってきたか、多様化してきたか、お互いの関係はどうかがはっきりします。もちろん、生物の歴史はＤＮＡだけで追えるものではありません。個体の変化、集団の変化を追うことが大切で、形態の変化や化石情報が重要です。後で出てきますが、カンブリア紀の大爆発といって六億年ほど前に、これでもかこれでもかと形づくりをして見せた生物たちがいるのですが、そのほとんどは消えてしまったので、これは化石でしかわかりません。一方、魚のひれと私たちの脚の関係は、形態研究とその背後にあるＤＮＡの変化からわかってきます。

　幸い、ゲノムには過去のＤＮＡの変化が蓄積されています。ですから、基本はＤＮＡの変化に置き、当面ゲノムに残った歴史を追い、形態や化石とも関連をつけて進化のあとを追おう、というのが生命誌の方法です。その結果、進化はどのようにして起きたのかを知る情報が得られるはずです。くり返しになりますが、もう論を立てるのでなく、進化の道筋を追って、共通性をもちながら多様化してきた生物の姿を追うことのできる面白い時代がきているのです。

遺伝子重複と混成

ところで、変異というと多くの方は―ＡＴＧＣ―と並んだヌクレオチドが一つ変化することをイメージなさるでしょう。放射線が当たって―ＡＴＧＣ―のＴがＣに変わると―ＡＣＧＣ―になります。ＤＮＡのヌクレオチドの並び方がアミノ酸を決めるので、それが変化するとタンパク質の性質が変わります。その結果、ショウジョウバエの赤眼が白眼になるというようなことが起きます。しかし、眼の色が変わってもショウジョウバエであることに変わりはありません。新しい生物の誕生には、どう考えてもＤＮＡの量がふえるなど、もっと大きな変化が起きる必要があります。バクテリアに近い単細胞生物から出発してヒトまで誕生したのですから。

そこでゲノムを調べてみると確かに「遺伝子重複」があります。いくつもコピーがあれば、その中のどれかが古い遺伝子の性質を保ちながら新しい遺伝子をつくっていくことができます。また、重複した遺伝子たちがあれこれ混じり合って新しい遺伝子をつくる「遺伝子混成」も見られます。

重複と混成の証拠の一つに遺伝子ファミリーの存在があります。図4—1（七五頁）にあるヒストン遺伝子はその一例です。もう一例、酸素を運ぶ役割をするヘモグロビンのタンパク質部分、グロビンもファミリーをつくっています（図4—6）。私たちのヘモグロビンはαとβと呼ぶ二つのタンパク質がα二本、β二本の計四本集まってできています。これらをつくる遺伝子は図4—6に示すように仲間が集まってクラスターをつくっています。ところで、魚類ではグロビンはタンパク質分子一つ（アミノ酸約一五〇）です。この遺伝子が重複して二つになり、一方の構造が少し変化しαとβができました。その後$\alpha_2\beta_2$という形で四つ集まったヘモグロビンができました。五億年前の魚類ですでにこのヘモグロビンが使われています。$\alpha_2\beta_2$の方が酸素を運ぶ能力は高いのです。その後、哺乳類で、βの中からγという変わりものが生じ、胎児で使われています。霊長類になった時にδ、さらに胚ではたらくεが生まれました。

グロビン仲間で面白いのは、ϕ、偽遺伝子と呼ばれ、DNAとしての構造はグロビ

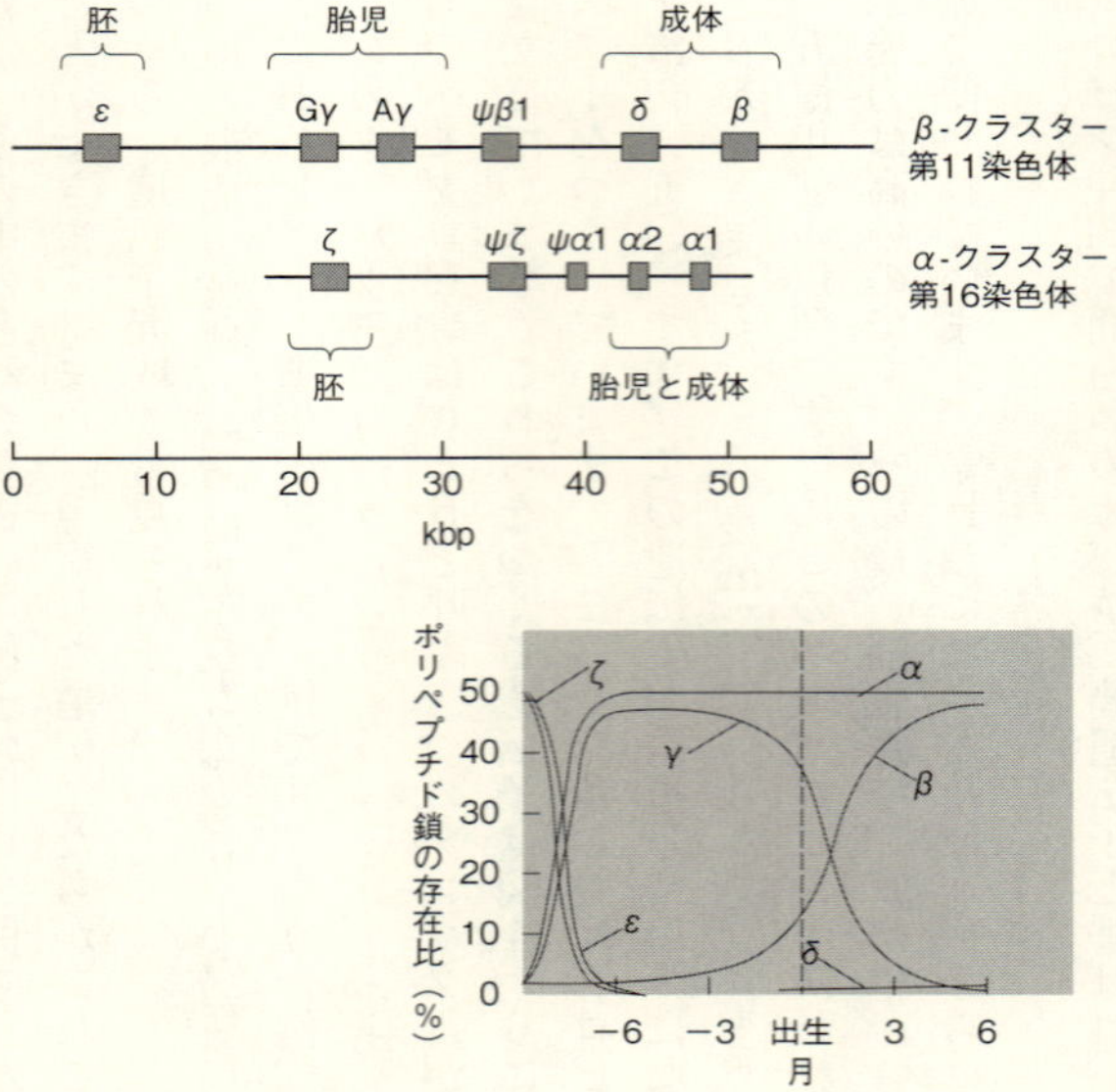

図4—6　ヒトのα、β-グロビン遺伝子クラスターの構成と発生段階での発現（J．ワトソン他著、松原・中村・三浦監訳『ワトソン遺伝子の分子生物学　第4版』株式会社トッパンより）

ンとそっくりなのにまったくはたらきのないものがあることです。あれこれ変わっているうちにはたらきのないのができてしまった。失敗作です。ゲノムの面白いところは、こういうものも遺伝子と同じように残しておくところです。ここでも歴史がわかるわけです。

もう一つ面白いのは、マメの中にレグヘモグロビンというグロビンとほとんど同じ構造のものがあることです。マメでは根粒菌がチッ素固定をし酸素が邪魔になるので、それを除くためにグロビンがはたらいているのです。細菌にも同じ仲間の遺伝子がありますのでグロビンの起源は古いものでしょう。それ以来の長い歴史が私たちの体の中にあるわけです。

このようにゲノムに注目するとＤＮＡという共通なものを踏まえながら多様性と関係性を追うことができます。将来は、フィールドでの生物たちの生き方の変化（たとえば共生化）の背景にどのようなＤＮＡの変化があるかを追えるところまで行くでしょう。

つまりゲノムを単位にすると、日常、全体、多様、関係、時間、歴史など、生物にとっては重要なのに遺伝子の科学の時代には見えなかったもの、むしろ科学が意図的に消していたものが浮かび上がってくるのです。もちろん、実際に進化が起きるには、こうしてできた個体が環境との関わりでどう生きていくかが大事です。とくに環境が大きく変わって新しい棲息場所が与えられると大きな変化が表面化するというのが進化の実態であり、それについては後述します。

ゲノムを単位にすると科学でなく〝誌〟になるのは、このような事柄を記述すると数字や専門用語では語りきれず、歴史物語になるからです。ここで扱う多様、全体、関係などはいずれも日常私たちが生物に対して抱いているイメージとかさなります。生物については、数字や専門用語よりも日常語の方がうまく表現できると思います。

＊二十一世紀に入ってまもなくヒトゲノム解析が終了し、ヒトの遺伝子数は二万三〇〇〇個くらいとわかってきました。意外に少ないことに研究者は驚きました。少数で複雑なはたらきを支えていく、はたらき方への興味がわいてきます。

第5章　自己創出へ向かう歴史——真核細胞という都市

ゲノムを単位にして考えると自然界にいる生きものの全体性や多様性が見え、私たちが生物を見る日常感覚とかさなってきます。学問の見方が日常とかさなるのはとても大事なことだ。私はそう考えています。

生物の特徴は、〝自分自身が生きていくこと、そして子孫をつくっていくこと〟でしょう。ところで、生物はすべてDNAを基本にして生きているということが明らかになってから、生きていることも子孫をつくることも共にDNA（遺伝子）のはたきで説明できることになりました。DNAは二重らせん構造（図５—１）をしており、自分とまったく同じものをつくる自己複製能力をもっています。これは遺伝子にとって不可欠の性質で、いつ見てもなんとうまい構造になっているかと感心しますが、それでも、日常感覚からいうといつも同じものをつくるという捉え方には抵抗があります。ヒトからはヒトが生まれ、イヌからはイヌが生まれるという意味では同じものかもしれないけれど、一人一人、一匹一匹違うじゃないかという気持ちです。歴

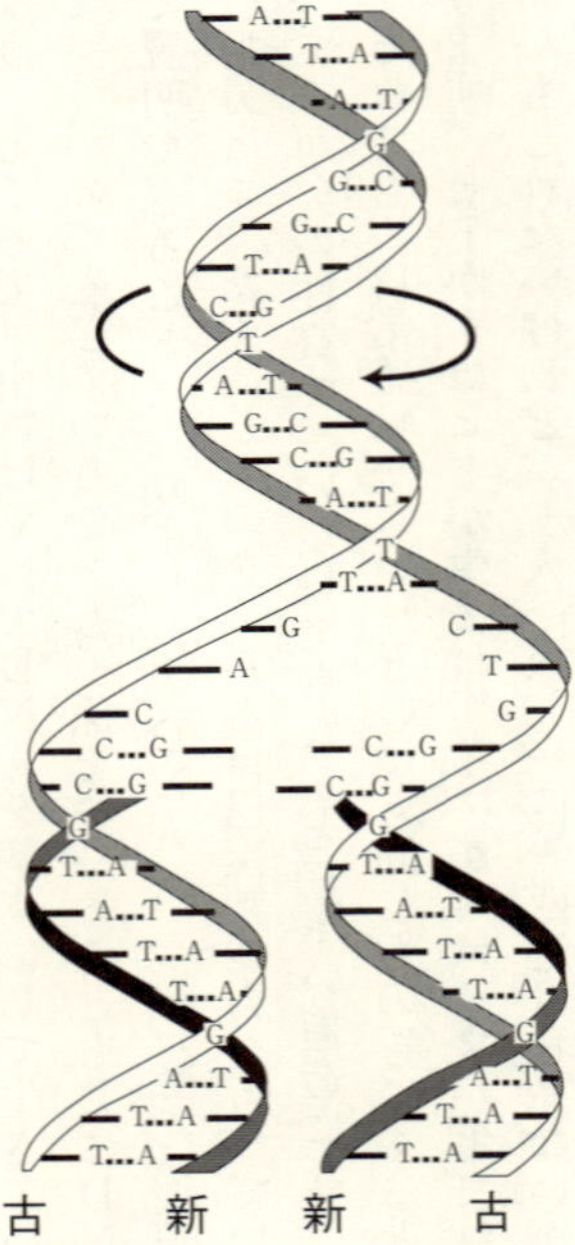

図５―１　DNA二重らせん構造

史を見る場合も複製に重点を置くと、ＤＮＡ（遺伝子）は生命の起源の時から今に到るまであらゆる生物に存在し、その一部が今私の中にあるのだから、個体は遺伝子の乗り物にすぎないという考え方になります。それにも抵抗があります。日常私たちは自分にこだわりすぎて、広い視野に欠けることがよくあるので、ＤＮＡ（遺伝子）に注目することによって、四〇億年近い昔から続いているものが今私の中にあること、地球上の他の生きものたちとそれを共有していることを意識し、長い時間、広い空間の中に自分を置いて、大らかになるのはよいことです。この見方は大いに意味があり、私は好きです。でもここで、個体は遺伝子の乗り物にすぎないとして、生物が遺伝子に操られているかの如くに考えてしまうと、自分にとって一番大切な「私」が消えてしまいます。それはやはりおかしい。DNAを通して大らかな気持ちを手にした上で、もう一度私という存在を考えるのが最も生きものらしいと思います。すると、ゲノムという単位の意味がわかってきます。

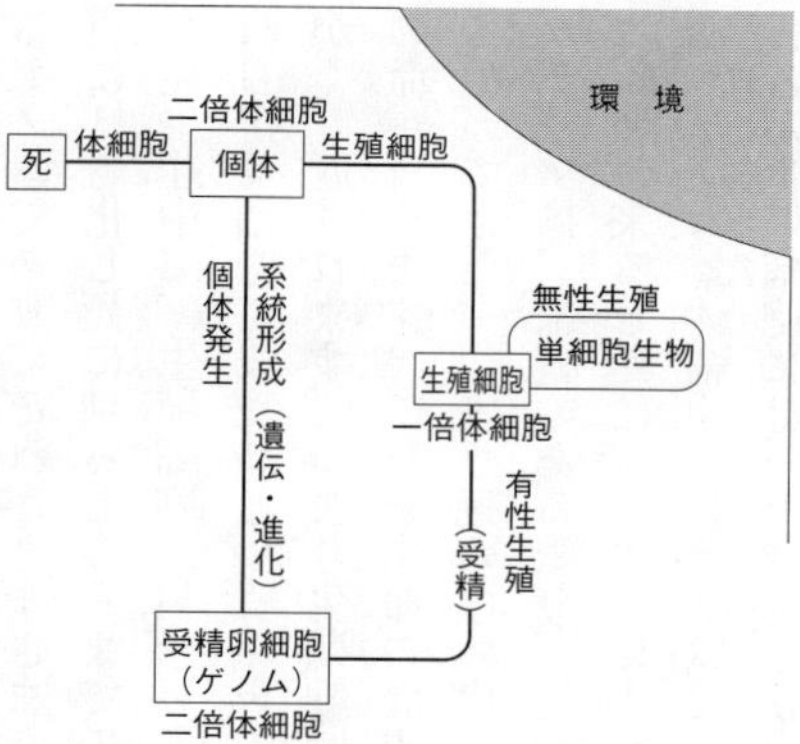

図5—2　生命誌の基本・自己創出系としての生命体　常に新しい個体（唯一無二の存在）を産み出すことによってこそ生命体は多様化し、続いていくことができる

自己創出する生命体

ここで図5—2を見てください。一番下にあるのは受精卵、ここから個体が生まれます。個体発生です。個体発生は英語で development で、自分の能力を展開していくことです。写真の現像も development ですが、この場合フィルムに撮ってあった映像が見えるようになってくるわけです。隠れていたものが顕在化する。隠れているのは受精卵の中にあ

るゲノムであり、それがさまざまなはたらきをして個体をつくりあげ、それが成長、更には老化し死に到るところまでの面倒をみるわけです。

発生途中で、生殖細胞（精子と卵）が生じ、これは体細胞と違う道を歩みます。これらが受精してまた新しい受精卵をつくり、そこから次の個体が生まれるという過程がくり返されます。つまり生殖細胞（一倍体）を追っていくと、死ぬことのない永遠の命が見えます。これを生命の歴史の中で見直すと一倍体細胞は本来、無性生殖をして続いてきた、つまり死のない生命を貫いていたものだということに気づきます。バクテリアは、栄養のある限り、死なずに増殖します。個体をつくっている体細胞はある時期が来ると死に、その中に入っていたゲノムは消えるわけですが、生殖細胞に入ったゲノム（体細胞ではゲノムは二セットあり、二倍体〈ディプロイド〉と呼ばれているが生殖細胞には一セットしかなく一倍体〈モノプロイド〉と呼ばれる）が、もう一つ別の生殖細胞のゲノムと合わさって、また新しい個体を産み出すわけです。ここで生まれた個体は生殖細胞を提供した個体の子どもであり、ここで遺伝が起こります。しかも、このようにぐるぐると個体をつくり続けているうちにゲノムに変化が起き、それが進化につながります。

ここでもう一度よく図5―2を見てください。生物を語る時に最も重要とされている進化と遺伝は、「細胞内にあるゲノムのはたらきで個体をつくっていく、つまり発生する」という現象の中に組み込まれているのです。生きものの基本は個体であり、個体をつくるからこそ遺伝も進化もあるというわけです。ここでもう一つ大事なことは、個体の出発点となる細胞、つまり受精卵の中にあるゲノムは、いつも必ず新しい生殖細胞二つの組み合わせで産み出されるものであり、これまでそれと同じものがこの世に存在したことは決してないということです。このようにして、発生を基本にした自己創出系という見方をすると、唯一無二の存在としての私を中心に置きながら、遺伝や進化も含み、それゆえに前に述べた長い時間と広い空間もきちんと取り込んだ考え方ができます。しかも、生命現象を創出系という切り口で見ると、個体の発生と系統の形成こそ、生きる基本であることが明確になり、生きものにとって、時間と空間の感覚が不可欠であることがはっきりと見えてきます。

ところで、図5―2には、一倍体細胞は本来、無性生殖をする単細胞として存在したものであり、そこでは「創出」でなく複製だったことも示してあります。ここから性と死は同時に登場したものであることが見えてくるのであって、これも生物にとって重要なことですが、それは章を改めることとし、まず自己創出系はどのようにして登場したかを見ていきます。

生物の歴史年表

生物界は五界に分けられます（図5—3）。モネラ界（バクテリア）、原生生物界（原生動物、藻類など単細胞生物）、菌界（キノコ、カビ、地衣植物など）、植物界、動物界です。このうちモネラ界は原核単細胞生物であり、図5—2でいえば一倍体細胞として増殖をくり返して生きるというところに入ります。もちろんバクテリアにも変異は起こり、多様な生き方を獲得して今も生態系の中で、とくに分解者として重要な役割をしています。実は、バクテリアは小型で単純な構造の単細胞生物なので、あまり関心を呼びませんでした。もちろんイオウを分解する、鉄を食べるなど代謝の多様さは注目されていましたが、ゲノムの構造としては皆同じようなものだろうと思われてきたのです。ところが近年ゲノム解析が進み、わかってきた五〇種近くのバクテリアのゲノムの構造を比較すると、遺伝子が一〇〇〇以下、一五〇〇〜二〇〇〇程度、更に三〇〇〇以上の三グループに分かれることがわかってきました。なにか生きる単位を感じさせるものがあり、遺伝子一つ一つというより、ある塊での構造を見ていく必要を感じます。またバクテリアの間では、遺伝子は縦横に移動しており、ここでは種という概念は存在しないのではないかという考え方も出てきています。しかし

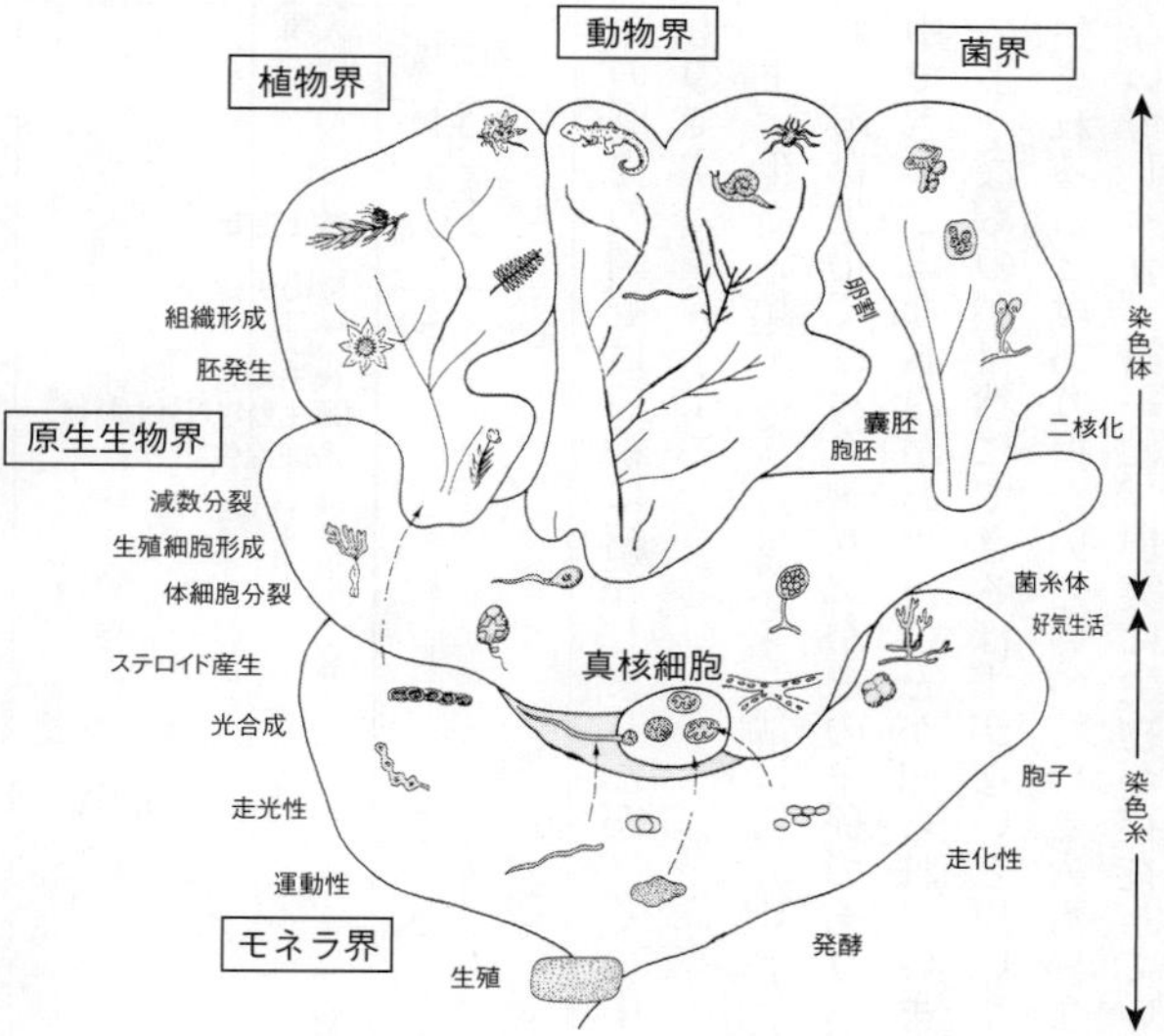

図5—3　生物を五界に分けた図

これは多細胞化する能力をもちませんでした。

それ以外の四つの界は真核生物であり、原生生物界は真核単細胞、その他は多細胞です。もし真核細胞が登場しなければ私たち自身も存在しなかったので、私は、真核細胞の登場こそ生命の歴史の中で最大のイベントだったと思っています。

ここで、前述のそれぞれがこの世に登場した時期を書き入れた生命体の歴史年表をつくってみました。生命の歴史の図解は口絵に紹介しましたが、その中でもとくに重要な事柄を抜き出したものです（表5―1）。

まず生命の起源でそれまでこの世に存在しなかった「自己複製系」が登場しました。現存生物ではバクテリアがその子孫であり、これが登場するまでにも太古の海の中でさまざまな試みがあったことが知られています。生きもののふしぎを思うと、このようなものが自然にできるはずがないと思いたくなり、事実確率計算から生命体が生まれることはあり得ないといっている人もいます。けれども、あり得ないとはいえないでしょう。第一に、現実に生物が存在しているのですから、どこかで生まれたに

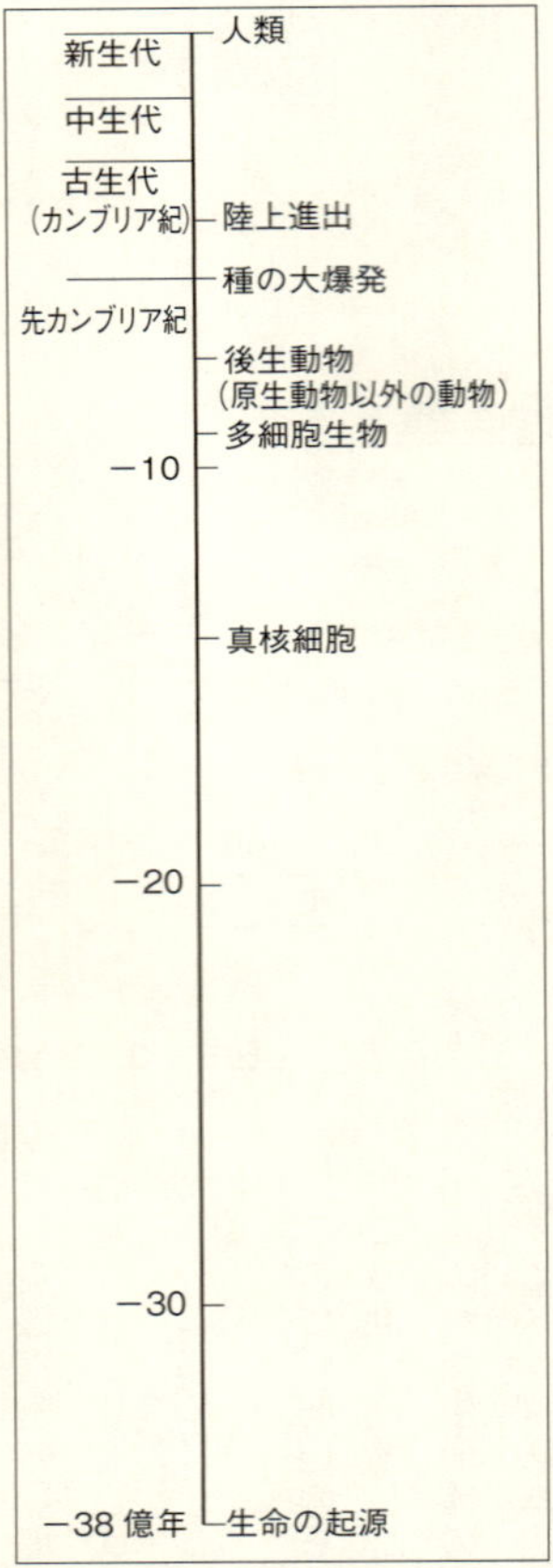

表5―1　生命体の歴史年表　長い準備期間を経て真核細胞が登場したことがわかる

違いありません。第二に、最近の研究によると、生物を構成する物質が、太古の海に存在したと考えられる証拠が出ています。一度に細胞ができたとは思えませんが、DNAやRNAにしてもタンパク質にしてもその断片は意外に簡単にできるようなので、それが徐々に複雑化していったと考えればよいのではないでしょうか。とにかくDNAを基本にした自己複製する細胞（つまりゲノム）が生まれたところに注目すると、三八億年ほど前にはそういうものが存在したことが化石などからわかります。無生物系から生物が生まれたのですから、たとえようもない大事件ですが、生命誌では起源そのものは扱わず、すでに生まれた原核細胞のゲノムから細胞の基本的性質を追いかけて、起源につながる情報を得る方法をとります。バクテリアについては、先ほど紹介したように全ゲノムの分析が次々と出始めていますので、そこから原核細胞でのゲノムのはたらき方がわかってくることを期待します。

原核細胞が生きものの歴史に果たした役割は大きく、とくに次の二つ、つまり地球環境の創成と、一五億年ほど前に真核細胞を産み出したことは重要です。おそらくこの二つはお互いに関係し合っているでしょう。最初に生まれた細胞が利用していた海に溶けていた養分が少なくなり、自分で創り出す必要が出てきました。糖を分解してエネルギーを取り出し、それをATPという物質のエネルギーとして蓄える反応が工夫されました。人間も含めて、現存の生物すべてがこの方法でエネルギーを確保し、利用しているのですから、これは生きものにとって大事な工夫です。また、エネルギー源を太陽に求めるものが生まれました。光合成です。最初は光合成に必要な水素がたっぷりあったので問題はなかったのですが、そのうち、水を水素源として利用するようになり、その結果廃棄物として酸素が蓄積していきました。酸素は有機物と反応してそれを変化させるので有毒です。おそらくここでたくさんの生物が死滅していったと思います。生きるために必要な光合成を進めれば酸素は蓄積してしまう……生きるということは即ち廃棄物を出すこと、環境を変えることなのです。ちょっと横道にそれますが、これは最近の人間の生活を考えさせます。生きていく以上廃棄物を出さざるを得ないのは人間も同じなので、六〇億人もの人が存在すること自体がすでに地球にかなりの負荷をかけているわけです。しかも、文明生活を楽しむために大量の廃棄物を出す暮らし方が、長い生物の歴史の中にうまく組み込めるのだろうかと心配になります。生命誌はそれを考えるための素材にしていただきたいと思います。廃棄物である酸素がたまった時、一部の生物がそれを乗り越え、酸素を上手に利用する生き方を獲得しました。大きさも大きくなり、呼吸をするようになったのです。

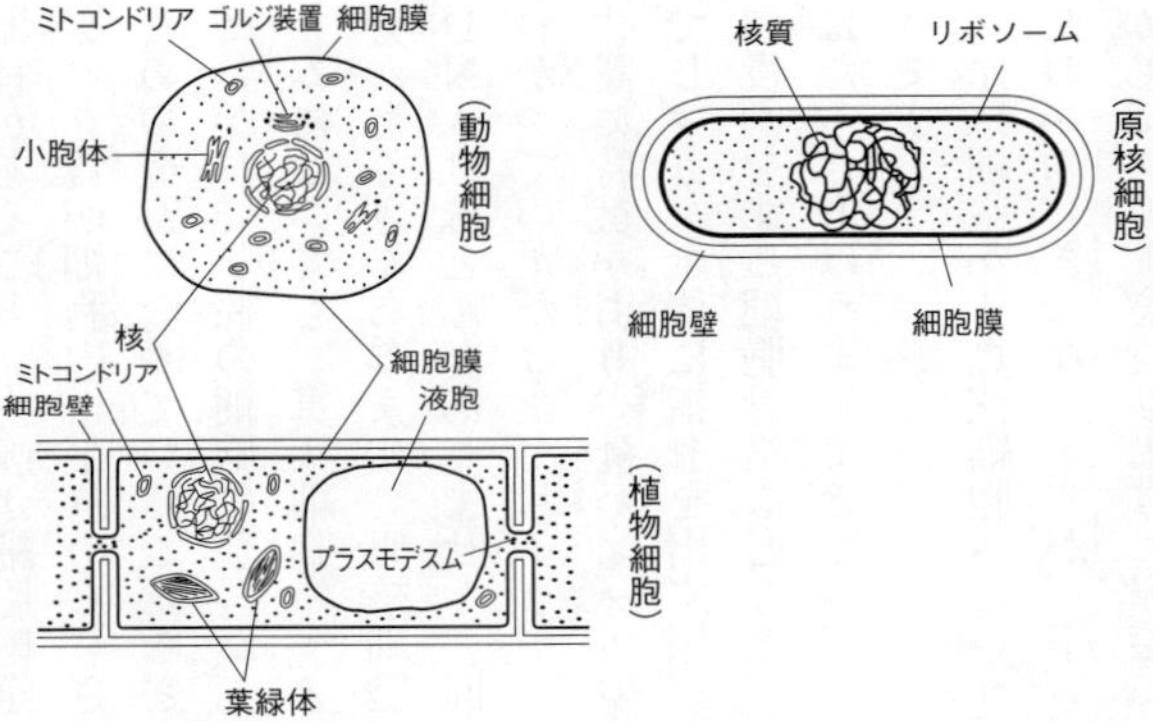

図5—4　原核細胞と真核細胞（動物細胞と植物細胞）（団まりな『生物の複雑さを読む』平凡社より）

真核細胞の登場

真核細胞の登場が、自己創出系へと向かう生物の歴史の中で最大のイベントだったと思うと先に述べました。

真核細胞と原核細胞では同じ細胞でもまったく違います（図5—4）。まず大きさ、原核細胞は数㎛ですが真核細胞は一〇～一〇〇㎛で体積にすると一〇〇〇倍以上になります。これだけ大きな細胞は、酸素の濃度が高くなければ生きていけません。一八億年前に酸素濃度が二％ほどになり、オゾン層ができ、紫外線がカットされたところで生まれたのです。その他の特徴は、核がありその中にゲノムが染色体という形で入っていること、ミトコンドリアや葉緑体という細胞内小器官があること、内膜が細胞内全域に存在すること、細胞骨格と呼ばれる繊維状のタンパク質が細胞内に張りめぐらされ細胞構造を支えると同時に細胞内での物質輸送のための道路になっていることなどです。細胞骨格の仲間のタンパク質が染色体が二つに分かれて子孫の細胞にきちんと入るようにそれを引っ張っていく仕事をします。ゲノムについても、真核細胞のゲノムにはスペーサーやイントロンなど、一見無駄な部分がたくさんあります。原核細胞の場合、イントロンはなくゲノム内に遺伝子以外のＤＮＡはほとんどありません。同じ細胞でも、その複雑さに格段の相違があることがわかっていただけたでしょうか。例えるなら原核細胞は工場（この細胞はそれぞれの代謝に特徴があり、鉄やイオウを利用するものなどさまざまです）、真核細胞は都市でしょう。全体に指令を出す核、エネルギーを生産するミトコンドリア、ハイウェーの役割をする細胞骨格などなど、多くの機能をもつ器官の集まりです。しかも細胞のはたらき方はうまくできていて、人間社会の工場や都市がここから学ぶことがありそうです。

原核細胞から真核細胞へという、こんな複雑な変化がいったいどのようにして起きたのかふしぎになりますが、幸い、現存生物のゲノムに歴史が残っているので、そこからこのふしぎを少しずつ解きほぐしていくことも生命誌の仕事です。

真核細胞には三ヵ所にDNAがあります。核とミトコンドリアと葉緑体（藻類や植物）です。それぞれのDNAから同じ遺伝子を取り出して比較すると、大枠、核の遺伝子は古細菌、ミトコンドリアは酸素を利用してエネルギーを効率よく生産できる真正細菌、葉緑体は光合成細菌であるシアノバクテリアから枝分かれしますので、それぞれの起源がそこにあると考えられます。

実は細菌には真正細菌（大腸菌のようなバクテリアの仲間）の他に古細菌と呼ばれる仲間がいます。これは温泉のような高温の場所、塩分の濃いところ、イオウのあるところなど、常識では生物が棲めそうもない場所にいる興味深い細菌です。メタン菌もこの仲間です。今あげたような条件は、太古の地球を反映していると思えるので、現存の細菌よりも古いというイメージで古細菌と命名されましたが、今ではそうではないことがわかっています（図5—5）。どうも、私たちの体をつくる細胞のもとは、この古細菌らしいのです。ただ、大きさが合いませんし、内部構造の複雑さを説明しようとすると、いくつかの細胞が融合して大きくなった細胞を真核細胞の起源と想定するのがよさそうなので、まだ真核細胞のもとになった細胞を特定はできません。今後、アクチンや微小管タンパク質など細胞骨格その他に必要な遺伝子、染色体づくりに必要なヒストンなどのタンパク質の遺伝子など、さまざまな遺伝子の起源を

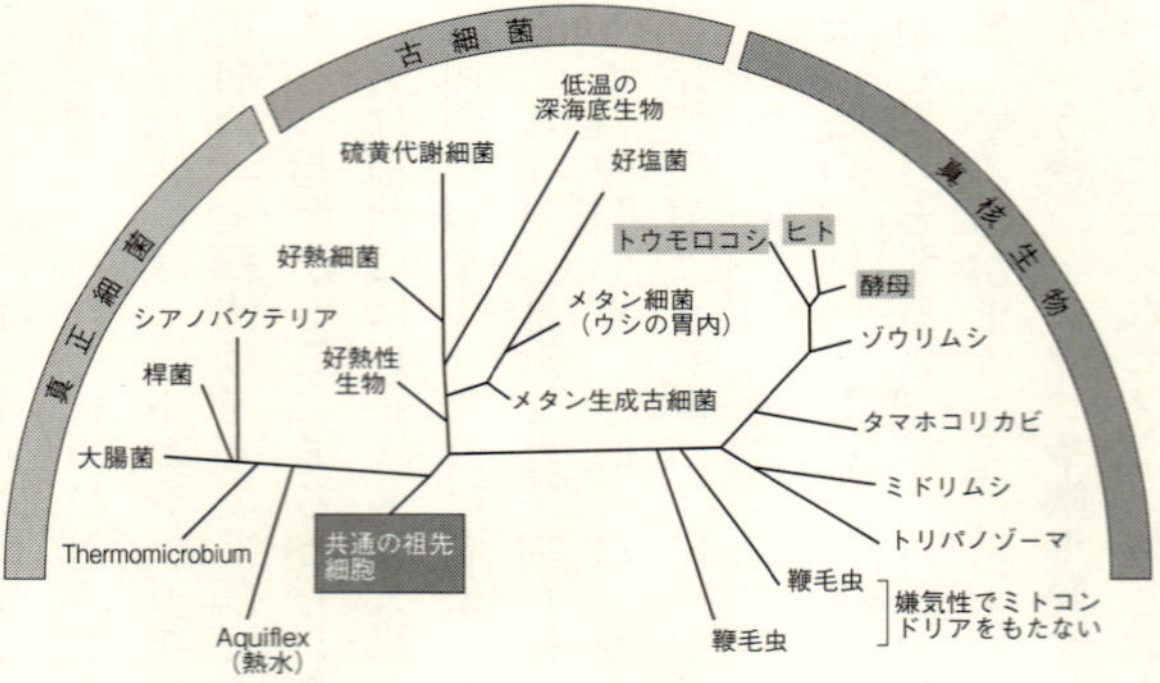

図5—5　真正細菌・古細菌・真核生物の関係（B．アルバーツ他著、中村他訳『Essential 細胞生物学』南江堂より）

探ることが必要です。リン・マルギュリスは、スピロヘータが運動性のあるタンパク質を持ち込んだという仮説を立てています。仮説ですが、ちょっと興味深いところがあります。というのもスピロヘータの構造と真核細胞内の細胞骨格や中心体、精子の尾などはすべて構造に共通性があるからです（図5—6）。ともかく、大型細胞の中に、ミトコンドリアや葉緑体が共生したという真核細胞のでき方がわかってきましたが、その変化が起きていた三八億年前から一五億年前という大昔の海の様子を地球外から見たら、地球には生物はなにもいないように見えたでしょう。眼に見えるようなものはなにも存在していないのですから。しか

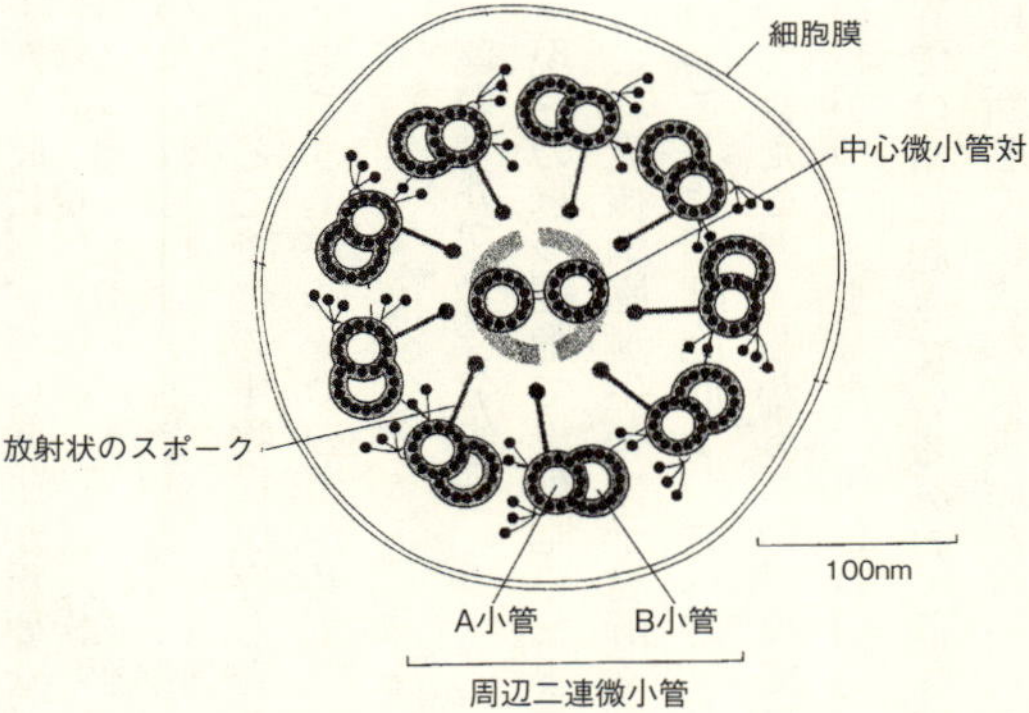

図５―６　繊毛の横断面　外側に９個、真ん中に小さな輪が２つあるので９＋２構造とよくいわれる

し、海の中ではさまざまな細胞が懸命に生きていた。しかも、それぞれ特有の代謝能力をもつ工夫が大いになされていたのです。なかでも光合成能力は最も強力なもので、大気環境まで変えました。そこでふえてきた酸素を巧みに利用してエネルギーを効率よく生産する能力を得た細胞があり、これまたもう一つ強力な仲間となったわけです（理論的には嫌気状態で発酵によってATPをつくっている場合の一八倍の効率）。この強力部隊のうち後者だけを共生させたのが動物細胞、両方を共生させた素晴らしい細胞が植物細胞へとつながっていくわけです。つまり真核細胞は、細胞の融合と共生とでき上がったと考えられます。最近環

境問題などで生物間での共生が話題になりますが、私たちの身体をつくる細胞ができ上がる時に、すでに共生が重要な役割を果たしていたのです。ただ共生というのは文字から想い浮かべられるように仲良く生きましょうという姿ではありません。生きものはどれも自分が生きることに懸命です。その場合、自分だけで生きていくことは難しい。そこで他の生物に依存したり、時には取り込んだり、なんらかの関係をもった結果でき上がる一つの姿が共生なのです。

藻の世界から見えた太古

現存の真核細胞で単細胞のまま存在しているのが藻類と原生生物です。私たちは、ここに真核細胞誕生の様子を解く鍵があるだろうと考え、藻を調べました。すると面白いことに、細胞同士が食べて、食べて……のくり返しで現存の多様な藻ができ上がってきたこと、しかもこの世界では現在も、食べて、食べて……が行われていることがわかってきました。新しい細胞づくりは過去に一度だけ行われたのではなく、生物界では常に起きているのだといえます。もっともこれだけ生物が溢れている状況では、新しく生まれた細胞がまったく新しい世界をつくる場は与えられておらず、現存の生物と違う細胞がふえてくることはありそうもないのですが。

二次共生

藻は、水中で生活し光合成する生物の総称です。コンブ、ノリ、ミドリムシなど、なじみのものがたくさんあります。まず緑藻のミトコンドリアの遺伝子（ＣＯＸ１という部分）を分析したところ、図５―７のような系統樹が描けました。単細胞、多細胞、群体性などによってきれいに分かれ、しかも、陸上植物は緑藻が複雑な体制をつくり出す以前の単細胞藻類時代にすでに独自の道を歩み始めたらしいという興味深いこともわかりました。

ここでちょっと目を引くのがミドリムシです。名前が示すように、動きまわるのに光合成をするので、植物学者は植物（ミドリムシ藻）とし、動物学者は原生動物のミドリムシとしてきました。ＤＮＡの分析から、細胞としては原生動物とわかり、動物学者に軍配があがりました。ところで、ミドリムシの葉緑体を見ると、他の緑藻や植物のそれが二重膜なのに、三重膜に包まれています。そこで、葉緑体の遺伝子を調べたら、緑藻と同じでした。真核細胞になってから緑藻をパクリと食べたのでしょう。食べられた藻の核やミトコンドリアは退化し、葉緑体が残った。このままなら四重膜のはずですが、二枚が融合したのでしょう（図５―８）。

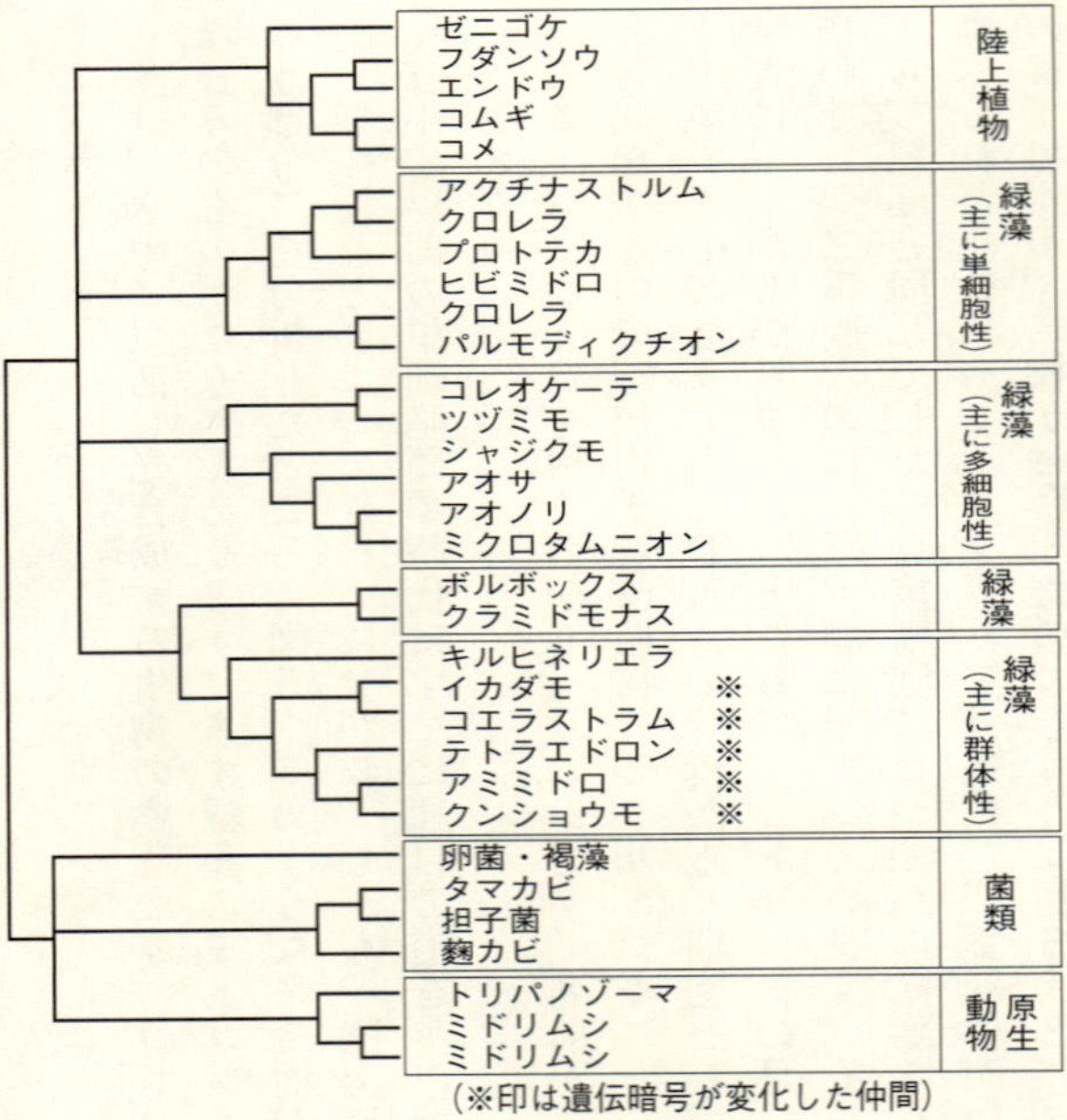

図5―7　ミトコンドリア遺伝子の解析に基づく藻の系統樹（「生命誌」10号より）

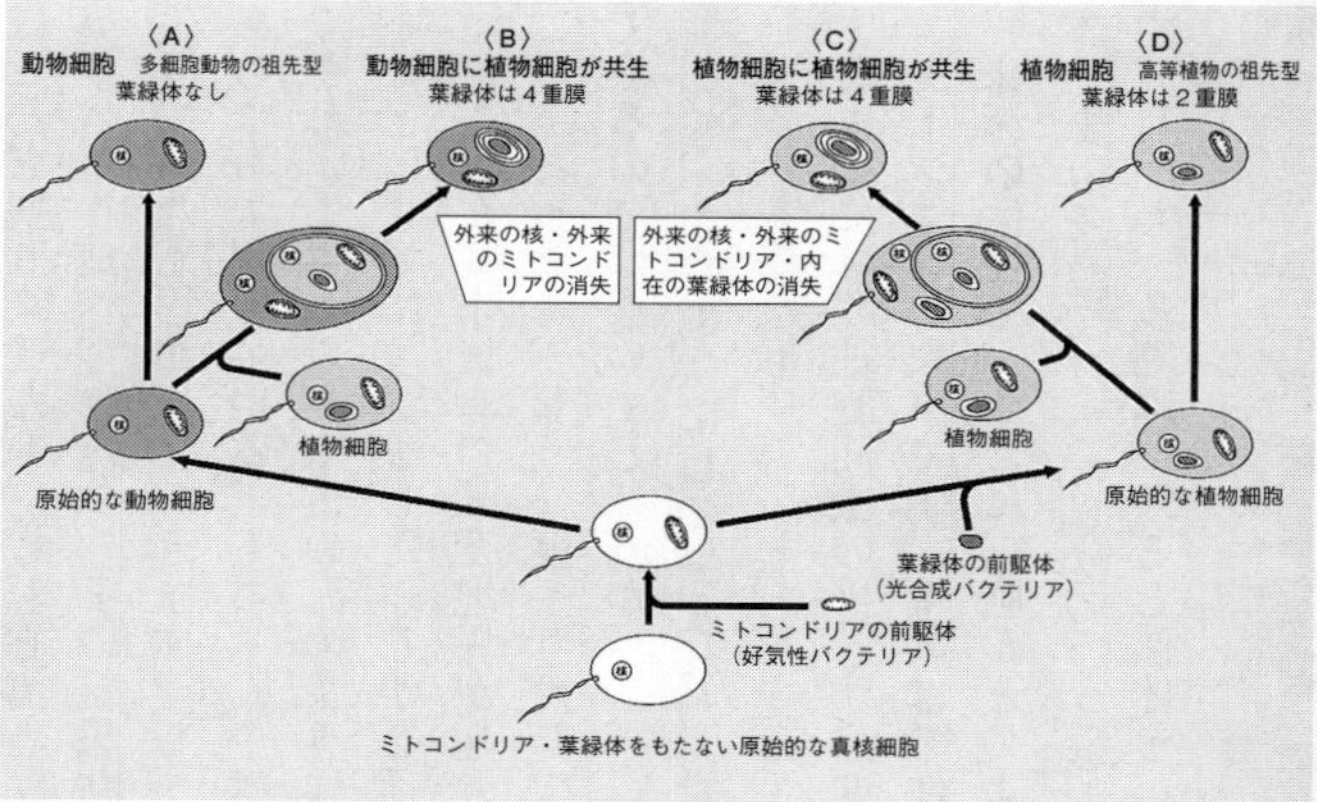

図5―8　共生の歴史を反映している藻類（「生命誌」10号より）

系統樹で、ミドリムシの近縁にトリパノゾーマという眠り病を起こす怖い寄生虫がいるのが気になります。また、他の藻では、近縁にマラリア原虫が近くにおり、これは藻の中で葉緑体が退化したものとわかりました。マラリア原虫には葉緑体DNAの名残りがあるので、このDNAをはたらかなくする方法によるマラリア用の薬の開発が計画されています。DNAから藻と寄生虫という意外なつながりが見えてきたのは面白いことです。

これまでの生物研究では、眼に見える生物に注目することが多かったので、単細胞しかいない、三八億年前から一五億年前までの二〇億年以上という長い期間を無視してきました。単細胞では化石もほとんど残りませんし。けれども、ゲノムに残された歴史を読むと、当時の生物たちが食べたり食べられたり、その結果共生して新しい能力を次々と獲得しながら懸命に生きていた過程が見えてきます。しかも面白いことに、今もそれと同じことが地球のあちこちで起きている。もちろん今は、安定した生態系ができ上がり、大型生物もたくさんいますから、太古の海のようにそこから新しい生物が生まれてくる可能性はないことはすでに触れました。しかし、もし、人間がこのまま勝手な生き方を続けて破滅するとか、未曾有の天変地異が起きるなどして地上から大きな生物が消えるようなことがあったら、もう一度やり直して、海の中の小さな細胞から新しい生物が生まれてくるのではないでしょうか。

さて、このようにして生まれたわれわれの祖先である真核細胞はその後多細胞化し、多種多様な形や暮らし方をするようになります。分裂した細胞が離れずに一つにまとまるには、細胞同士の接着が必要ですし、ただくっつくだけでなく細胞間コミュニケーションが大事です。粘菌は条件によって単細胞で生きたり多細胞化したりする興味深い生物で、ここに細胞がどのように集まりお互いに対話し分化していくかの基本がありそうです。粘菌のゲノム解析も始まり、多細胞化の謎解きが行われています。しかも、多細胞になると個体という概念が生まれますから、それに伴って、性や

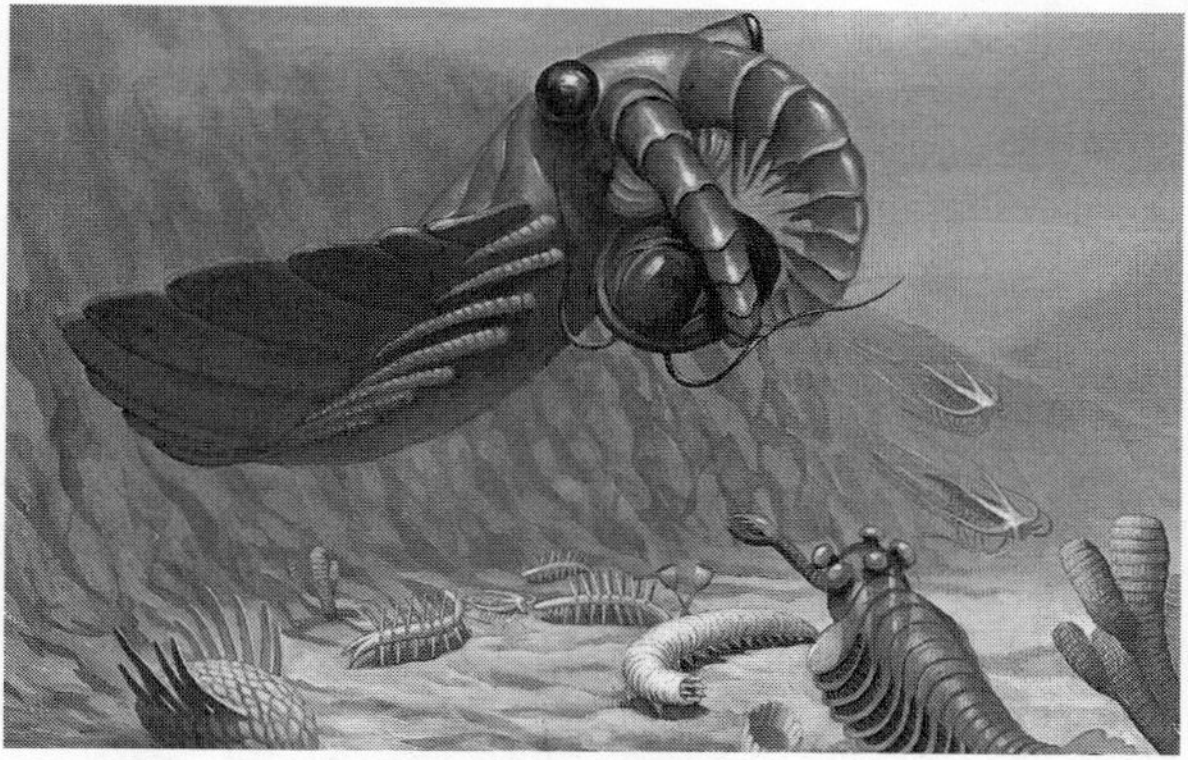

図５—９　カンブリア紀の大爆発（スタジオアール提供）

死などという単細胞の時には問題にならなかった現象が登場します。多細胞については次章で扱います。表５—１（一〇四頁）で真核細胞誕生の次に興味深いのはカンブリア紀の大爆発（図５—９）です。六億年ほど前にこれでもかというように多様な形態の試みがありながらそのほとんどは絶滅してしまったことがわかっています。化石に残る五つ眼の生きもの、背腹の区別もつかないふしぎな生きものなど、今生きていたらさぞ面白かろうというものばかりです。その後の進化の様子を追うと、どうもそのみごとな展示場の中では一番特徴なく見えるピカイアという小さな生物が現在の生物につながってきたらしいのです。なんでそんなものが祖先になったのだろうと思うと同時に、もしかしたらそういうものこそ大きな可能性を秘めているのかもしれないとも思います。なぜここで爆発があったのかはとても興味深いことですが、これについては後に触れます。次の大きなできごとは、陸上進出です。水が不可欠である生物という存在が水と離れて暮らす決断をする（生物の話はつい擬人化してしまうのが困ったことです）のは大変なことだったでしょう。その間に起きたことで、人間である私たちが強い関心をもつのは脳の生成と発達です。そして人類誕生。ここでまた口絵を見て大きな流れをつかんでください。

この話を順を追ってゲノムから読みとる歴史として語るにはまだデータ不足ですが、大きな流れを意識して研究成果を見ると、部分だけでなく全体が見え、なにを知りたいかがわかってきます。自己創出系の基本は真核細胞の中にすべて入っているという視点からこれまで生命の歴史ではあまり注目されなかった、単細胞生物に重点を置いて述べてきました。細胞は生命の単位であり、ここに注目すると生きる基本が見えることを示したかったからです。それにしても、自己創出というけれど、日常自己という時は、こんな生物的なものを考えているのではないといわれそうです。その通りです。先ほどもちょっと触れたように、とくに人間にとっては脳のはたらきが重要で、そこでの自己については後の章で考えます。ただ、それ以前に二〇億年以上かけて、とにかくゲノムとして唯一無二のものをつくる系ができ上がってきたこと、それができたからこそヒトも生まれてきたという事実を確認しておきたいのです。それが「私」を考える時の基本になるからです。

第6章　生・性・死

ここでもう一度図5―2（九九頁）に戻ります。生命誌では生きることの基本を一つの個体が生まれて一生を送り、死んでいく過程に置くといいました。DNAが研究の中心に置かれるようになってから、DNAでなんでも説明しようとする節があります。個体は遺伝子の乗り物であるという言葉はその代表です。しかし、そうではないでしょう。やはり、生きものの基本は個体です。あなたという存在、イヌもネコも皆個体に意味があります。個体が生きる中に、子孫が続いていく巧みなシステム、つまり遺伝があるわけです。もちろんこれは視点の違いにすぎません。鎖の輪は鎖のためにあるとも、輪が一つ一つあるからこそ鎖があるのだともいえるわけで、両方から見なければ実態は見えません。ただ、DNAが行っているのは自己複製でなく自己創出だと考えると自ずと個体に目が向きますし、この方が生物らしさを見ることになると思いますので、私はあくまでも鎖全体を見る立場で現代生物学の成果を見ていこうと思います。

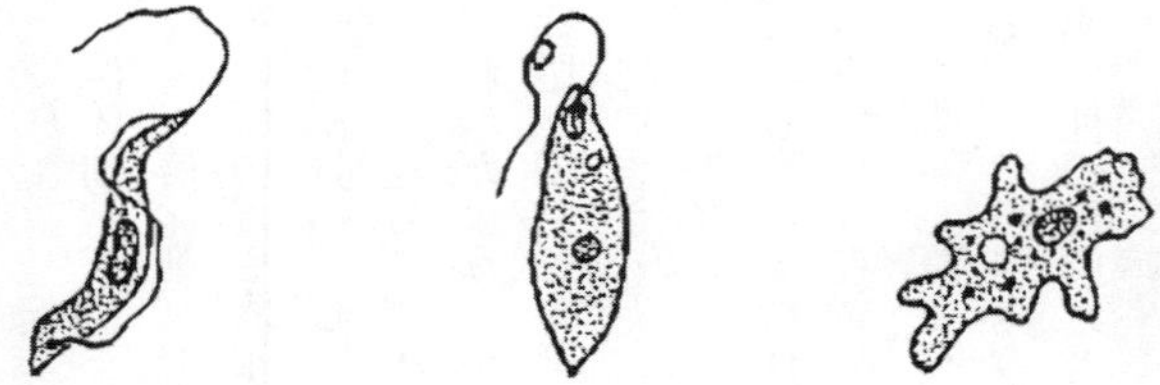

図6—1　さまざまな一倍体細胞

二倍体細胞の出現

真核細胞の出現こそ生命の歴史の中で最大のイベントだといいましたが、実はそれは少し言葉足らずでした。最初にできた真核細胞は、一倍体細胞といってゲノムを一セットしかもっていません。生きていくにはこれで充分です。現存する生物では、酵母などの菌類、クラミドモナスなどの藻類、アメーバなどの原生生物が一倍体真核細胞であり、いずれも単細胞です。アサクサノリ（褐藻）は、一倍体細胞でありながら細胞がたくさん集まってはいますが、私たち多細胞生物と違って、集まった細胞の間のやりとりがありません。栄養分すらそれぞれ独立にまかなっています。どうもこの仲間はこれ以上の進展はできなかったようです（図6—1）。

ところで、一倍体の真核細胞は「接合」して一体化する能力をもっています（前章で述べたように、生殖細胞である精子と卵は一倍体で、これが接合し受精卵になります）。こうしてできるのが二倍体細胞、つまり、一つの細胞の中にゲノムを二セットもつ細胞です。私たちの体は、二倍体細胞でできています。二倍体細胞になると、細胞間に連結構造ができ、お互いに物質や情報のやりとりをするようになり、その間に、それぞれの細胞が少しずつ役割分担をしていくようになっていきました。今私たちが日常目にしているほとんどの生きものである多細胞生物はこうして生まれました。ここで細胞としての進化は終わったようです。原核細胞から真核細胞への変化では、細胞と細胞が融合したり、細胞が細胞を食べるなどのダイナミックな動きが見られ、細胞として複雑な構造になっていきました。しかし、この段階ではお互いに対話をして多細胞化はできなかった。その後二つの細胞が接合してできた二倍体細胞が細胞間の対話をみごとにやってのける存在となり、多細胞化をしたのです。こうして生じた二倍体細胞は、それぞれが個性をもちながら、決して勝手なことをせずに必ず話し合いをします。

ちなみに、この種の話し合いがうまくできなくなった二倍体細胞としてがん細胞があり、このような細胞は自分の生命を失うのでなく、個体、つまり多細胞として存在する他の細胞たちの集合体を死に到らしめる恐ろしい存在となります。がんの研究は、もちろん病気の原因を知り、予防や診断、治療に利用する知識を得るために行われているのですが、実は二倍体細胞のもつ基本的性質、つまりは私たちが個体という全体性を保ちながら生きている姿そのものを知ることにつながる研究であり、その点でとても興味深いものです。二倍体細胞はもう融合はしません。体の中で細胞同士が融合したら困ります。心臓も肺も血管もグチャグチャになってしまいます。細胞として確立した存在が二倍体細胞です。ゲノムプロジェクトが進み、原核細胞のバクテリア、真核単細胞つまり一倍体細胞の酵母、二倍体細胞で多細胞をつくっている線虫のゲノムのヌクレオチド配列がすべて解読されました。この三つがそれぞれゲノムとしてどのような共通性と違いとをもっているかが解明されるのが楽しみです。そこから、それぞれの細胞の特性がどれだけ読みとれるか知りたいものです。

性と死

こうして、細胞には原核細胞、一倍体細胞、二倍体細胞（この変形として三倍体などの倍数体もある）の三種類あることがわかりました。ところで、ここで興味深い現象が見られます。細胞はどれも分裂してふえますが、原核細胞と一倍体真核細胞はほぼ無限にふえる能力をもっているのに、二倍体細胞は、ある回数ふえると死んでしまうということです。バクテリアや酵母菌には、本質的には死がないのに、多細胞が生まれたことによって死という概念が登場するのです。

二倍体細胞だけで存在していては途絶えてしまうわけです。さあ困った。そこで二倍体細胞では一度一倍体細胞になり、接合でもう一度新しい二倍体細胞として甦るという方法が工夫されました。これが有性生殖です。性の様相が比較的簡単な生物で見られる例としては、ボルボックス（オオヒゲマワリ）があります。これは、単細胞の藻であるクラミドモナスが集まった集合体ですが、環境条件が悪くなると、その中の一部が生殖細胞化し、そこから新しい個体が生まれるのです。このような形が、体系化されたのが、現在の多細胞生物の有性生殖の始まりであり、原理的には今も変わっていません。

つまり、生あるところに必ず死があるという常識は、私たちが二倍体細胞からできた多細胞だからです。本来、生には死は伴っていなかった。性との組み合わせで登場したのが死なのです。逆のいい方をするなら死をもつ二倍体細胞がなんとかして命をつないでいこうとして工夫したのが性だといってもよいかもしれません。

有性生殖は、無性生殖と比べて相手を必要とするだけ不便です。しかし、二倍体細胞の死を救うためにはそれが必要だったので面倒といってはいられなかったのでしょう。すると、ここでどうしても、なぜ死を伴う二倍体という選択がなされたのかと聞きたくなります。でもこれは、なぜ二倍体細胞は死ぬのかという問いになり、ここでグルグルまわりをしてしまい答えはわかりません。ただはっきりしていることは、私たち人間を含めて、地球上の生物の多くは、二倍体細胞の多細胞生物として存在し、有性生殖をし、その結果、細胞の死だけでなく個体の死を存在させるような生き方をしているという事実です。そこでまたこうまでして得たものはなにかという基本的な問いが生じます。この答えも明確に存在するわけではありませんが、まず考えられるのが多様化です。無性生殖では同じ細胞がふえていくだけですから本質的には多様化は望めません。時々変異が起き、しかもそれが環境にうまく適合して新しい性質として残るという稀な現象でしか変化は起こらないので、多様化しようとすれば有性生殖が不可欠です。単細胞生物の世界も、ゲノム分析をしてみたら、種を越えてＤＮＡが動きまわっているとしか考えられないデータが出てきました。ある遺伝子のゲノムの中での位置を調べると、バクテリアによってかなり違っている。つまり、最初に存在したゲノムがあまり変化せずに受け継がれているのではなく、遺伝子組み換えが何度も起きているのです。真核単細胞の場合は、細胞ごと食べてしまって新しいＤＮＡを取り込んでいることを紹介しましたが、単細胞生物の世界でも、単に同じ細胞が増殖し続けているのではなくＤＮＡのやりとりがダイナミックに行われ多様化は起きているのです。ただ有性生殖をすると、これまでにない組み合わせのゲノムをもつ新しい個体ができます。これは無性生殖の世界にはないことです。唯一無二の個体づくりこそ有性生殖の意味ではないでしょうか。

死という面から見た生物

一倍体細胞には死がないといいましたが、それは逆にいうといつも増殖を続けていなければならないということで、これもなかなかたいへんです。周囲に栄養分がなくなったり条件が悪くなれば生きていけません。本質的な死はないけれど、常に増殖し続けることなどできませんから結局殺されることになります。そこで、栄養状態が悪くなった時、二倍体状態になって胞子になるなど休止状態に入る例がアメーバなどで見られます。二倍体になれば、一方のゲノムのどこかに損傷が起きてももう一方のDNAがはたらいているので細胞全体としては機能を失わずにいられます。細胞として安定しているわけです。二倍体自体の利点といえば、この安定性です。

こうして生まれた、二倍体多細胞生物を構成している細胞のはたらきを死という面から見ると、三種類に分かれます。

まずは、生殖細胞と体細胞。この二つは役割がまったく異なります。体細胞は、一つの個体をつくりあげ、その一生の間だけはたらくことを役割としますが、生殖細胞は次の世代へとつながります。卵と精子が一体となって新しい個体を始めるわけで、この系列をたどれば、いわゆる死は存在しません。今あなたを構成している体細胞のもとは受精卵、つまり両親の卵と精子の合体によって生まれたものですから、あなたという存在として両親の生殖細胞は生き続けたことになります。また、あなたの生殖細胞も次の世代の個体へとつながる……。前に、一倍体細胞には死はないが、時々二倍体細胞になって休止をするといいましたが、その眼で見れば、一つ一つの個体は細胞がお休みをしている時なのです。

体細胞の中には、死という面から見ると少し違った性質の細胞が混じっています。増殖できる細胞と増殖できず自分の役割を果たしたら死ぬものです。前者を幹細胞といい、個体が続いている間分裂をして新しい体細胞を供給します。幹細胞とそこから生まれて分化する細胞になるものとのＤＮＡのはたらき方の違いを知るのも重要です。

このように、生殖細胞、体細胞（幹細胞と完全分化細胞）の三種類の細胞が混在して個体としての生命、更には次世代に続く種としての生命を維持しているのが多細胞生物です。分化した細胞、たとえば、表皮細胞、血液中の赤血球細胞などは一〇〇日程度で死んでいくことによって、体全体の生命を維持していくわけで、細胞に注目するなら体の中には常に生と死が混在しているのです。これは、しばしば話題となる脳死をどう考えるかということにもつながるので、それは後で述べます。

生を支える積極的な死

体細胞が、体をつくりあげたり、それを維持していく中で、皮膚や血液など細胞の死が重要な役割を果たしている場面がたくさんあることがわかりましたが、個体が生きるための細胞の積極的な死とでも呼ぶべき興味深い現象があります。アポトーシスと呼ばれるこの現象は、細胞のゲノムに死ぬべき時が予め書き込まれており、それに従って細胞が整然と死ぬという現象です。この役割には二つあります。一つは、ある時点で生体にとって不要な細胞を除くことによる全体の制御です。

発生の時の形づくりの例として、チョウの翅の形成時に起きるアポトーシスを紹介します。サナギから美しいチョウが生まれてくる場面には驚かされますが、サナギの中でチョウの翅は最初からでき上がりの形になっているわけではありません。大雑把な形がつくられ、その後、外側の不要な細胞が死に、切り取られるようにして仕上げが行われるのです。

ところでチョウの翅は、鱗粉《りんぷん》で覆われていることはよく知られています。電子顕微鏡で、ソケットと呼ばれるサヤに刺さってきれいに並んだ鱗粉が見えます（図6―2）。この一つ一つが細胞です。チョウの場合鱗粉に色がついていますから、一つ一つの細胞を区別して、その運命を追うことができます。この利点を生かして、翅のでき方の研究をする中で、形づくりにおけるアポトーシスの役割が見えてきました。

図6―2　鱗粉の電子顕微鏡写真（「生命誌」22号より）

アゲハチョウの尾状突起の部分などみごとに翅の形が切りとられていきます。ヨモギトリバというボロボロのうちわのような翅（かわいそうな表現ですが、まさにその通りなので）をもつ蛾（図6―3）の場合もやはりアポトーシスでこの形をつくっていることがわかりました。これは、もちろん私たちの体の形づくりでも使われている方法です。神経系ができ上がる時も同じです。運動神経が伸びて体の各所の筋肉細胞と接続する場合、体中で大量の接続をつくらなければなりません

図6—3　ヨモギトリバ　この翅もアポトーシスでつくられる（「生命誌」22号より）

が、その場合特定数の神経を伸ばすのではなく過剰に送り出します。その中で無事相手の細胞と接続できたものは生き残り、うまくつながらなかったものは死んで消えていく。これは脳内の神経細胞の結合でも用いられる方法です。うまくつながらずに脳細胞の八五％を失うことさえあるなどというデータを見ると寒気がしますが、一生を暮らすのに充分な量はできるようになっていますから大丈夫です。一見いい加減な方法に見えますが、考えてみればこれほど確実な方法はありません。重要な系だからこそこのような方法がとられるのでしょう。神経系だけではありません。内分泌系でも免疫系でも不要のものは自らが死ぬという形で全体をうまく機能させます。つまり、細胞は体を維持するために生き続けたり分裂したりするだけでなく、上手に細胞死を組み込むことによってより巧みに生きられるようにしているのです。

アポトーシスのもう一つの役割は、本来自分の細胞であるのに、異常をきたして他の細胞、ひいては個体に害になるような細胞を除去することです。免疫系は、外来の異物に対処するシステムですが、最初につくられる免疫細胞には、自己の細胞に反応するものも含まれています。これを除去しておかないと、自己免疫疾患になってしまいます。ここでもアポトーシスが役割を果たします。この他にも、自己の細胞でありながら自己破壊的に変化した細胞である腫瘍細胞もこの方法で除かれます。腫瘍化して増殖しようとする細胞の力とアポトーシスという死滅の方向へのはたらきとが闘うわけですが、ここで興味深いのは、細胞自体にとっては生きる方向である増殖が個体にとっては死への方向であり、細胞にとっての死が個体の生の方向だということです。

日常感覚では、生と死は対立するものであり、生はよいもの死は悪いものと位置づけられますが、細胞のレベルで見ていくと、それほど単純ではありません。むしろ、生のための死もあり、生と死はお互いに絡み合いながら生きることを支えていると捉えた方がよさそうです。

ところで、アポトーシスの中でも、分化後、それ以上再生能力をもたない心臓細胞や神経細胞が老化し、それが不要細胞として取り除かれる場合は生のための死ではなく、まさに個体の死につながっていく細胞死です。田沼靖一はこれを、アポビオーシス（生から離れること）と名づけ、生を支えるアポトーシスと区別しています。個体

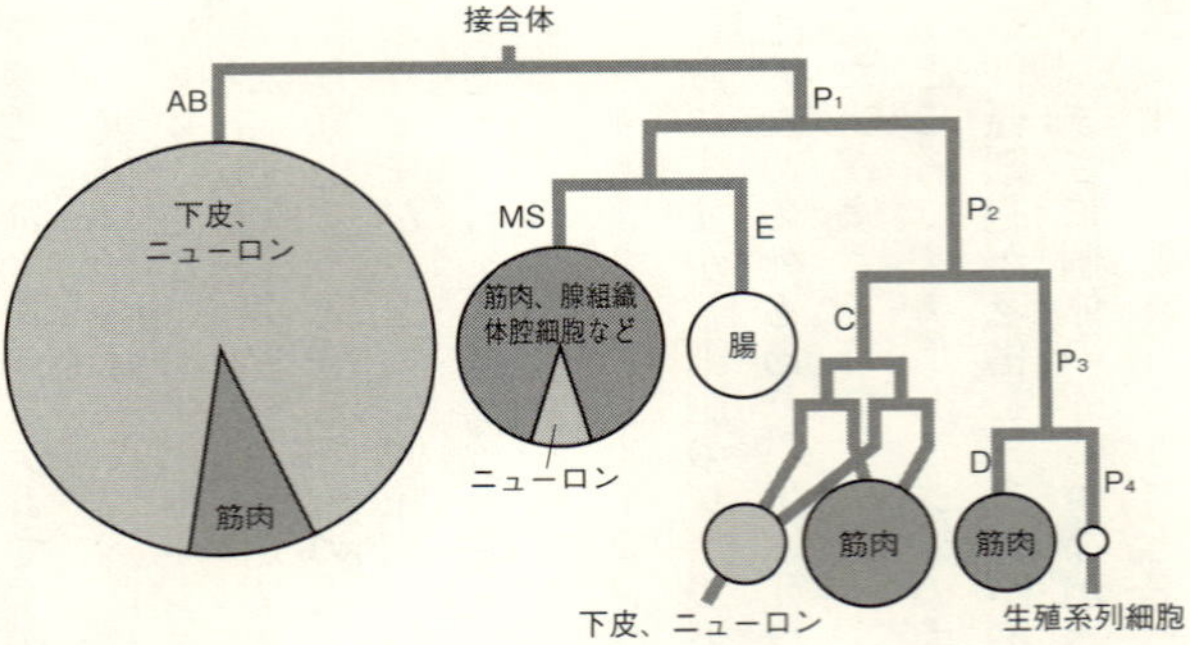

図6―4　受精卵から体ができ上がっていく過程がすべてわかり、しかも全ゲノムが解析された生物――線虫（J．ワトソン他著、松原・中村・三浦監訳『ワトソン遺伝子の分子生物学　第4版』株式会社トッパンより）

の死につながる細胞死も積極的に行われているのはなぜか。生物全体から見ると老いた個体を除くことも重要ということでしょうか。今後それぞれの死の機構が解明されていくと、全体像が見えてくるでしょう。

C・エレガンスという生物

このようなテーマを考えるのに適した生物が図6―4に示した線虫の一つ、体長数ミリで体中が透明なC・エレガンスです。この生物は、受精卵から出発して、体中の細胞すべて――といっても約一〇〇〇個――がどのようにしてでき上がっていくかが調べあげられています。図に見られるように、下皮、筋肉、生殖系列細胞などが、どのようにできていくか、まったく個体差なしに細胞分裂パターンができ上がっていきます。そして興味深いことに、その中の特定の一三一個の細胞が特定の時に死にます。アポトーシスです。線虫の細胞はいずれも分化した後は役割が明確で増殖能力をもたず、三週間ほどの寿命しかないので、成体をつくっている全細胞が死に向かう様子を追うことができます。線虫については、全ゲノムの解析ができました（多細胞では初めて）ので、細胞死、更には個体死という全体を見ていく一つのモデルとして興味深い対象です。

細胞の寿命

分化して分裂能力を失った細胞の寿命に関して、線虫の興味深い変異体がありま す。本来は二〇日ほどの寿命なのに、その変異体は一ヵ月は生きる。この個体は、細胞分裂の速度や発生過程が遅いので、代謝速度が下がっているのかもしれませんが、変異を起こした遺伝子はわかっています。また、成虫になれずに幼虫のままで一ヵ月ほど生きる変異体もあります。こちらは、老化の原因の一つとされている活性酸素を分解する酵素（スーパーオキシドディスムターゼやカタラーゼ）の活性が高いのですが、成虫になることを止めているメカニズムは解けていません。哺乳類でも活性酸素

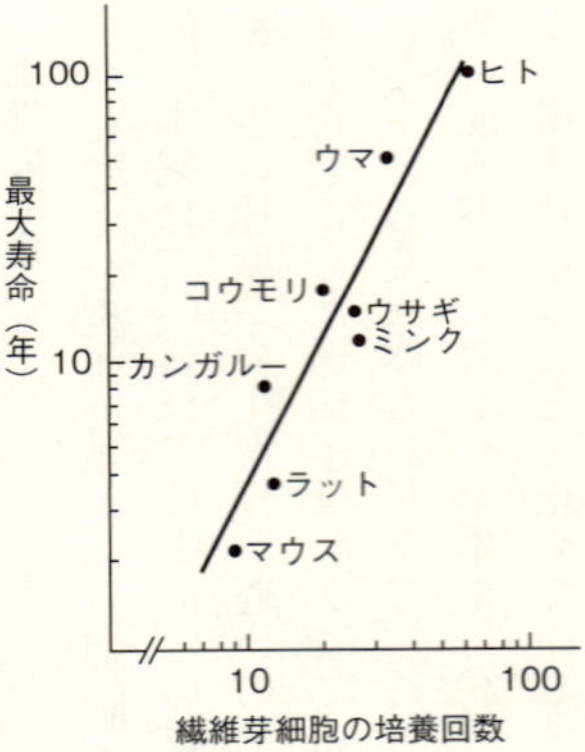

図6―5　再生可能な体細胞の培養をくり返せる回数と寿命の関係
（田沼靖一『遺伝子の夢』NHKブックスより）

は問題になっており、分解酵素の活性は加齢とともに低下するとされていますので、これらは細胞の寿命、ひいては個体の寿命に関連しているかもしれません。

一方、再生能力のある系での寿命では、分裂回数での有限性が問題になります。すでに四〇年以上前にL・ヘイフリックがヒトの皮膚細胞を培養し、五〇～六〇回以上は分裂しないことを示しました。年齢の違う人の細胞を使うと若い人の細胞の方が分裂回数が多く、遺伝性早老症の人の細胞は一〇～三〇回しか分裂しないこと、培養の途中で細胞を凍らせて数ヵ月おいた後、また培養すると、合計で五〇～六〇回分裂することなどから、細胞には寿命があるということになったのです。更に興味深いのは、皮膚の細胞を培養した時の分裂回数と、その動物の寿命とに関連が見られるということです（図6―5）。

その後、染色体の両端にテロメアと呼ばれる部分があり、それが細胞の寿命に関係

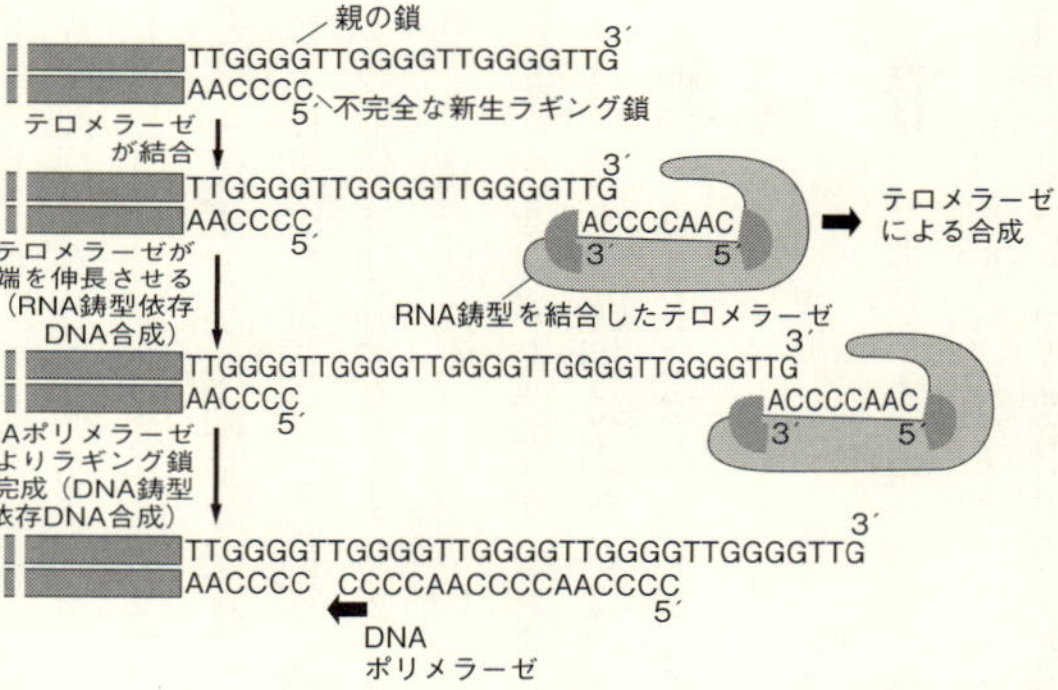

図6―6　テロメアとテロメラーゼ（B．アルバーツ他著、中村他訳『細胞の分子生物学　第3版』ニュートンプレスより）

していることがわかってきました。

テロメアは、Gが多い六塩基配列（たとえばヒトなどの哺乳類ではTTAGGG、ゾウリムシではTTGGGG）がくり返されているDNAとタンパク質とから成ります。このくり返しは数百回から数千回にも及びます（図6―6）。大腸菌など原核細胞のゲノムはDNAが環状で安定ですが、ゲノムが染色体構造をとっている生物では、DNAは直線状になっているので、細胞分裂の度、つまり複製をする度に端が全部複写できません（編み物を思い出します。輪で編んでいけば、同じ目数で続けていけますが、直線で往復編みをしているとうっかり端を落として目数が減ってしまうことがよくあります）。そこで両端にテロメア構造があり、この部分が分裂の度に短くなっても必要なDNAは残るようになっているのです。一回の分裂でくり返しの二〇個分くらいが減ってしまうようで、DNAを複製する酵素（DNAポリメラーゼ）は、下手な編み手らしいのです。テロメラーゼという、この部分を修復する酵素活性を調べると、体細胞ではその活性がほとんど見られず、がん細胞では高いことがわかりました。テロメラーゼをつくる遺伝子は、体細胞に分化すると活性を抑えられ、がん化でその抑制がはずれると考えると、この現象は理解できます。テロメラーゼ活性をコントロールすればがん細胞を抑えたり、老化を防げたりできるのか……、ふとここで古来の願望であった不老不死という言葉が頭をよぎりますが、おそらく生命のしくみはそれほど単純なものではないでしょう。でも、詳細に調べれば、なるほどこのようにして生と死があるのかということを納得することにはなるでしょう。長い間、生物研究とつき合ってきた感覚はそういっています。いずれにしてもこの辺りのメカニズムが解明されるのが楽しみです。

性はなぜあるか――唯一無二の個体

二倍体細胞を若返らせる方法として性が工夫されたのですが、性には、唯一無二の個体を産むという効用があります。有性生殖をする時には、まず細胞内でゲノムがふえ、それが新しい生殖細胞に分配される過程があるのですが、その時に行われる減数分裂と呼ばれるメカニズムの中に、ゲノムのセットを混ぜ合わせる作業が入っていきます。つまりここで生じる精子や卵という生殖細胞は、親のゲノムをそのまま受け継い

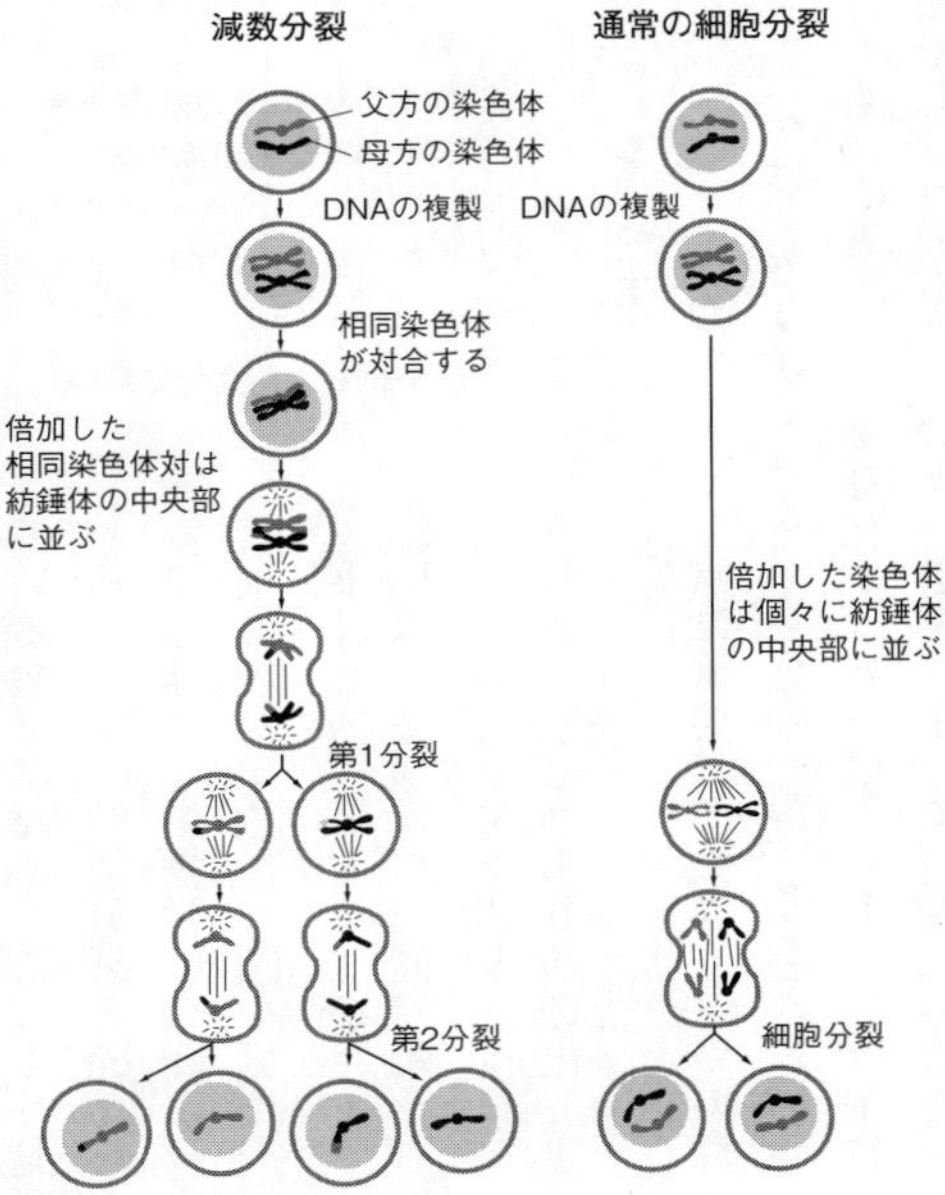

図６―７　減数分裂と通常の分裂（B．アルバーツ他著、中村他訳『細胞の分子生物学　第３版』ニュートンプレスより）

①新しいものを産み出す。

②環境変化などに対して生き残れる可能性が高まる。

③有害なものを捨てる。

表6—1　多様化の意味

でいるのではなく、あれこれ混ぜ合わさったものになっているのです。減数分裂と聞いただけで顔をしかめる方があるでしょう。生物学の時間に一番悩まされるところです。言葉で説明するより図を見た方がわかりやすいので、前頁の図6—7を眺めてください。こうしてでき上がった生殖細胞は、多様なので同じ親から生まれた子どもでも両親のどちらからどこの遺伝子を受け継ぐかはまったく違ってくるわけです。つまり多様化です。こうして一人一人違う人が生まれるのです。

多様化は、生物にとって非常に重要で、大きく三つの意味をもっています（表6—1）。一つは、とにかくさまざまな試みをすることで新しいものを産み出していく可能性をもつこと、この多様化がなければ、ヒトという生物が生まれてくることもなかったでしょう。もう一つは、さまざまな環境変化への対応です。均一化していると、適応しにくい環境が到来した時にすべてが消える危険性があります。どれかが生きのびるよう多様化しておくのが安全です。更に具体的に、有害なものを捨てていくという考え方も出されています。ゲノムに起きる変化の中には、有害なものが少なくあり

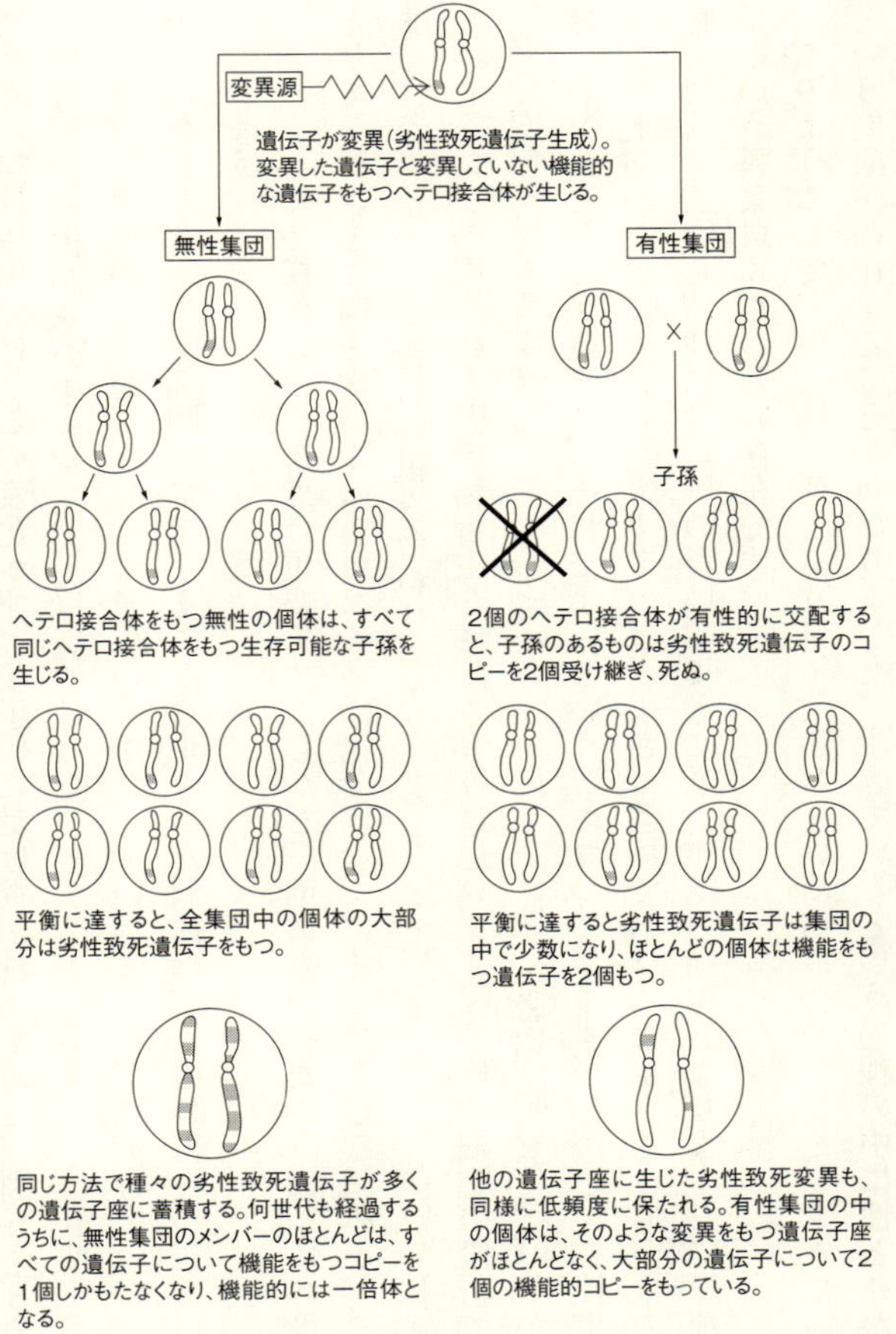
変異源
遺伝子が変異(劣性致死遺伝子生成)。変異した遺伝子と変異していない機能的な遺伝子をもつヘテロ接合体が生じる。
無性集団
有性集団
×
子孫
ヘテロ接合体をもつ無性の個体は、すべて同じヘテロ接合体をもつ生存可能な子孫を生じる。
2個のヘテロ接合体が有性的に交配すると、子孫のあるものは劣性致死遺伝子のコピーを2個受け継ぎ、死ぬ。
平衡に達すると、全集団中の個体の大部分は劣性致死遺伝子をもつ。
平衡に達すると劣性致死遺伝子は集団の中で少数になり、ほとんどの個体は機能をもつ遺伝子を2個もつ。
同じ方法で種々の劣性致死遺伝子が多くの遺伝子座に蓄積する。何世代も経過するうちに、無性集団のメンバーのほとんどは、すべての遺伝子について機能をもつコピーを1個しかもたなくなり、機能的には一倍体となる。
他の遺伝子座に生じた劣性致死変異も、同様に低頻度に保たれる。有性集団の中の個体は、そのような変異をもつ遺伝子座がほとんどなく、大部分の遺伝子について2個の機能的コピーをもっている。

図6―8　有害な損傷の引き継ぎ方（無性と有性）　有性生殖の方が劣性致死遺伝子が蓄積しない（B．アルバーツ他著、中村他訳『細胞の分子生物学』教育社より）

ません。無性生殖では、この変化がすべて子孫に受け継がれますので、図6―8のように有害な変化がそのままゲノム内に残って蓄積してしまいます。一方有性生殖では、有害な変化のないＤＮＡをもつ子孫の方がふえていきますし、減数分裂の時にこの変化をもたない生殖細胞ができ、そこから生まれた個体は、その有害性からは自由になれます。

このように多様化という視点は重要です。しかし、前にも述べたように、性の役割としてそれ以上に興味深いのは、単なる多様化ではなく、そこで生じる個体が、それまでにないまったく新しい組み合わせのゲノムをもつということではないでしょうか。とくにこの視点は人間の場合生かされるように思います。一倍体細胞の段階では「個」の概念はもてません。その中でのゲノムのあり様、また細胞の存続のしかたは、ＤＮＡとして存続すればそれでよいという形になっています。しかし、有性生殖でできあがった受精卵から誕生するのは、まさに個体であり、しかもそれは発生の過程まで含めるなら、他には類例のない、まさに唯一無二の存在となります。自己創出系という言葉にふさわしい存在です。

このようにして、生、性、死というテーマがお互いに絡み合ってこそ、生きているという現象が存在することがわかりました。生きているという過程の中に性と死が組み込まれています。こういうことを知ったうえで日常の死に目を移してみましょう。たとえば、臓器移植の必要性から、家族が同意した場合には、脳死の判定がなされた段階で臓器を摘出できることが法律で定められました。この法律制定までに議論になったのが、脳死は人間の死であるかということです。臓器移植のためには、そこで法的な死の決定が必要です。何時何分に死亡という医師の診断がなければ事は運べません。しかし生命を失うということは、これまで述べてきたような過程なのです。一瞬で決められるものではない。したがって法律的にどこで死とするかという約束事と、一つの個体の死がいかなるものであるかということとは別と考えるほかありません。脳死であっても心臓死であっても、身近な人の死を瞬間のものと受け止めることは、ほとんど不可能でしょう。

ここで述べたような生きものとしてのヒトがもっている生、性、死に関する知識を踏まえてまず過程としての死という認識を体の奥に入れたうえで、約束事としての死と判断する以外に脳死を認める道はないと思います。「脳死は人の死か」という問いを立ててしまうと、議論をあやまります。「心臓死は人の死か」と問われても、生物学では「そうだ」とはいいきれませんし、人間の感覚としても同じです。身内の亡くなる時のことを考えればわかります。長い間の体験で、現代社会の約束事としては心臓停止の時を死亡時刻とするということを多くの人が認めているというだけのことです。臓器移植、とくに心臓移植という行為がなければ、脳死について考える必要はないわけです。臓器移植を医療行為として認めるのなら、脳機能停止の時を死亡時刻とする場合もあることを認めるという約束事をするにしても、過程としての死という認識と約束事とが自分の中でうまく嚙み合ってくれるかどうか検討する必要がありますす。そのような方法でしか対応はできないわけで、新しい技術が生まれるのに伴なって、改めて、生きることの本質を考えさせられることになります。ただ臓器移植は、あくまでも緊急避難の医療であって、臓器の再生など新しい医療への道を探っているところです。

第７章　オサムシの来た道

図５―２（九九頁）で述べたような形で生きものを見ていく生命誌の研究は、主として個体発生と系統発生（遺伝・進化）を追うことになります。そこで、研究例をあげながら物語の一部を語ります。最初は系統発生、多様化を誇る昆虫の一つであるオサムシに登場してもらい、彼らが歩んできた道を見ましょう。

オサムシは、体長一～五センチの甲虫の一種、世界に約七〇〇種います。主としてアジアからヨーロッパにかけて分布し、とくにヨーロッパの種は美しいので、「歩く宝石」とも呼ばれています（日本の種は黒っぽいものが多く残念）。歩くという形容詞が示すように、後翅が退化していて飛ばないのが特徴です。日本には、五五種ほどいますが、そのほとんどを手に入れ、お互いの関係を調べました。

分子系統樹

ＤＮＡの特定部分（実際に使ったのはミトコンドリアＮＤ５と呼ばれる遺伝子。形には直接関係がなく、比較的変化の速度が大きく、種内での変化のように数千万年程度の時間を追うのに適している）を抽出し、その塩基配列を比較しました。これで、それぞれの種が共通の祖先から分かれて、現在に到るまでの間にそれぞれの種で蓄積した塩基の変化がわかります（図７―１）。変化数が大きいほど分かれた時期が古いという簡単な原理を用いてそれぞれの種の関係を書いたものが分子系統樹です（ここではオサムシという一つの種内での変化ですが、もちろんこれは生物全体の系統樹づくりに使えます）。塩基分析という客観性の高いデータから系統がわかり、しかも、塩基の変化速度を仮定すれば、実際に系統が分かれた時期がわかるのがこの方法の利点です。

161 … 236
アオマイマイカブリ:TTATCTACTTTAAGACAATTGGGTTTAATAATAAGAATTTTATCTATAGGGAATTATAAATTAGCATTTT
サドマイマイカブリ:TTATCTACTTTAAGACAATTGGGTTTAATAATAAGAATTTTATCTATGGGGAATTATAAATTAGCATTTT—1
エゾカタビロオサムシ:TTATCGACTTTAAGTCAATTAGGATTAATAATAAGAATTCTTCTATAGGAAATTATAAGTTGGCTTTTT—10
（A=アデニン、T=チミン、G=グアニン、C=シトシン）

図７―１　オサムシのミトコンドリアND5の塩基配列の比較

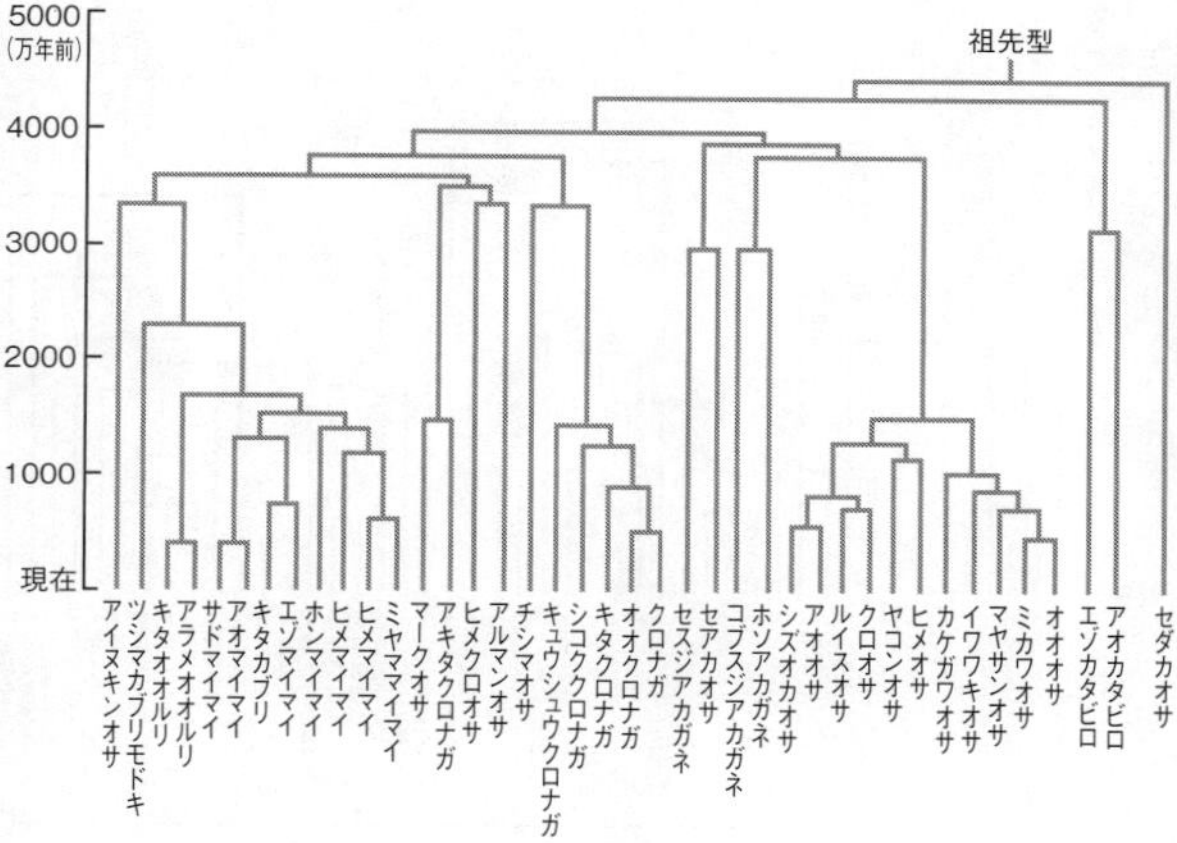

図7—2　ND5で見た日本のオサムシの分子系統樹

オサムシの分子系統樹が示す進化の姿

図7—2が日本のオサムシの分子系統樹です。ここに書いた名前はすでに形態（最初は体全体の形、その後交尾器の形が用いられた）によって分類、命名されたものです。ここでわかるのは、大雑把に見れば、DNAを用いた分類と形での分類は一致するということです。しかし、思いがけない違いも見られるので、それを探りながらオサムシの進化を追います。

進化は徐々には起こらない

オオオサムシに注目すると、近畿・中部地域、西日本地域、東日本・日本海島地域の三域に大きく分かれます

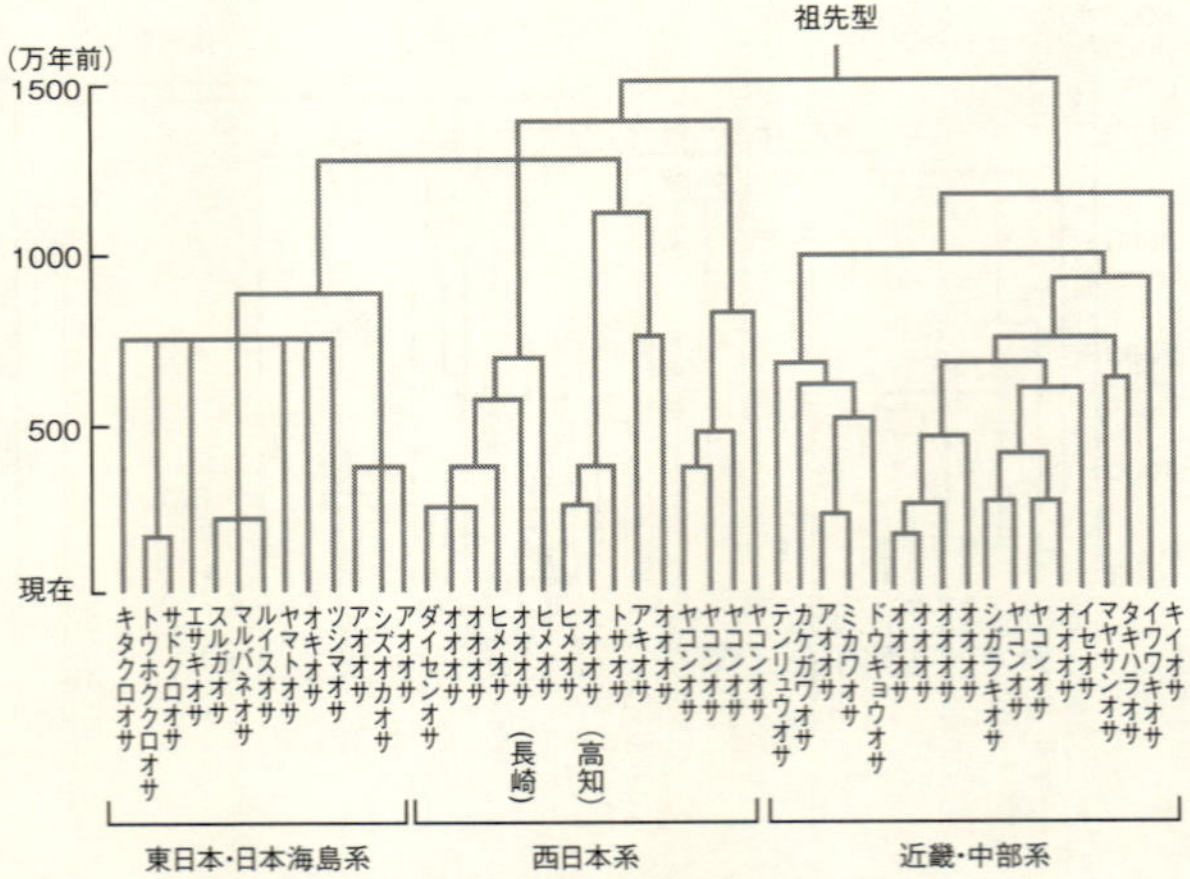

図7—3　日本のオオオサムシの分子系統樹　一斉放散がはっきりとわかり、また形での分類への疑問も出てくる

(図7—3)。進化というと徐々に変化してきたように思われがちですが、実態を見ると比較的短時間(といっても数十万年とか数百万年ですが)に一度に分かれる一斉放散が見られることが図からわかります。一度分かれた後、それぞれの中で、また小型の一斉放散が見られることがわかります。しかも、祖先型に近いヤコンオサムシ、新しく現れたオオオサムシ、アオオサムシ、ヒメオサムシなどが、一つの地域でなく、複数の地域に登場します。たとえば、西日本で見ると、高知県と長崎県の両方でヒメオサとオオオサが並んで

現れています。実はここに見られるヒメオサとオオオサは両方共DNAで見れば同じ仲間なのです。けれども形はヒメとオオと名づけられているように明らかに違い、高知と長崎のオオオサムシ同士、ヒメオサムシ同士が仲間に見えます。ですから、形での分類はそうされてきたのです。つまり、DNAで調べると、形が似ていても近い仲間とはいえないこともあれば、形は違うのに仲間である場合もあることがわかります。なぜ、DNAは同じなのに形が違ってくるのか、一方、DNAが違うのに形がまったく同じものが違う場所に現れるのか。大きな疑問です。

ここで、こんな仮説が立てられます。このムシのDNA（ゲノム）が取り得る形はほぼ決まっている（生きものが取り得る形を決めるボディ・プランがあるという考え方は、次章の形づくりのところで述べます）。たとえば今、このムシは大きく三種類の形が取れるとします。そして、三種類の中のどの形を取るかを決める鍵になる遺伝子があり、そこがA型の方向にはたらくとA、B型の方にはたらくとBという形ができ上がるとします。長崎と高知にいたオオオサムシの仲間はどちらも、オオオサ型にもなれるし、ヒメオサ型にもなれる能力を秘めているわけで、そこでヒメオサ行きの方向を決めるように遺伝子がはたらく（このような役割をする遺伝子を調節遺伝子といいます）とヒメオサに、オオオサ行きへと方向が決められればオオオサになるわけ

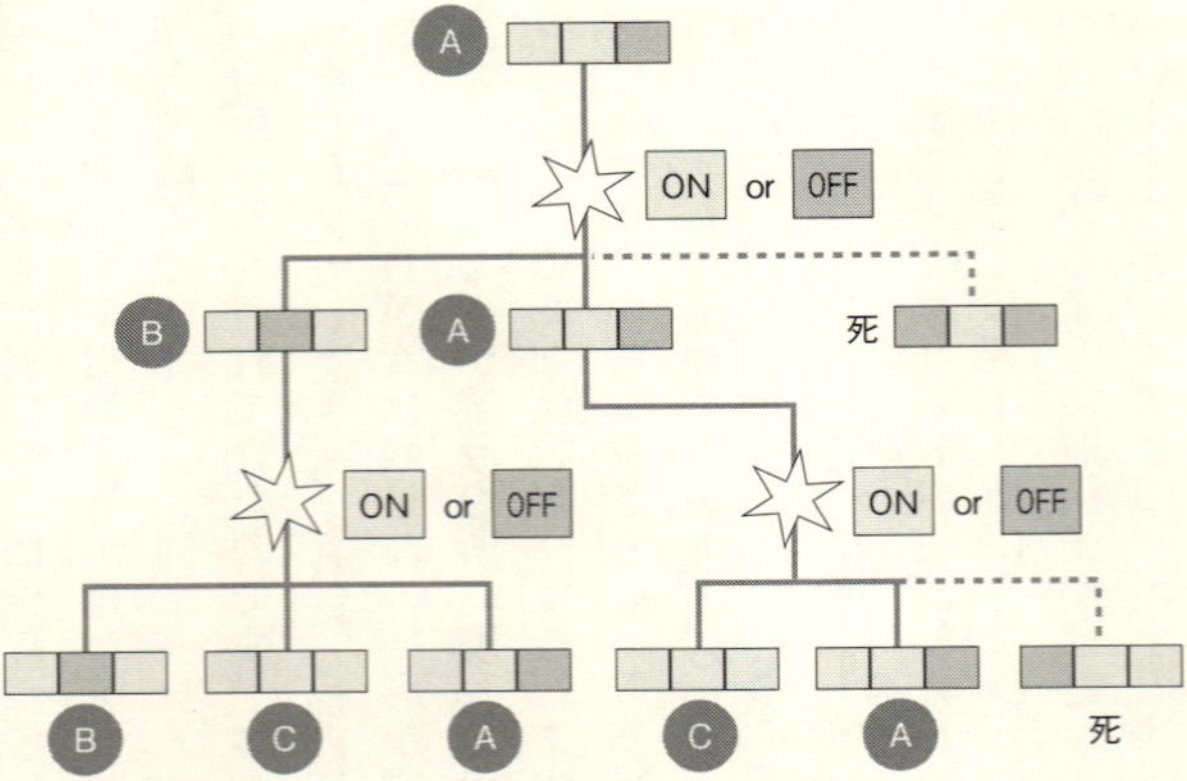

図7—4　タイプ・スイッチングという考え方

です。時にはスイッチのはたらきが悪くてうまい形がとれず絶える仲間もいるかもしれません。違う場所で、まったく同じような進化が見られるという例は、これまでにも報告されており、平行進化と呼ばれています。ここでのヒメオサとオオオサも平行進化です。その背景では調節型の遺伝子がはたらいているに違いないと思うので、このようなはたらきを、オサムシ研究を中心になって進めた大澤省三が、「タイプ・スイッチング（スイッチを入れて型を変える）」と名づけました（図7—4）。実際にスイッチの役割をする遺伝子がまだわからない仮説ですが、形づくりの研究からもこのような調節遺伝子の存在がわかってきているので、おそらくこのようなメカニズムがあるのでしょう。

このような目で、オサムシ全体の系統樹を見直してみると（一四五頁、図7―2)、四〇〇〇万年前にオサムシが一斉放散したことがわかります。昆虫全体の進化と合わせると、二、三億年前に登場した昆虫の中のゴミムシの仲間から出たオサムシの祖先がこの頃爆発的に多様化したと思われます。オサムシの故郷はチベットあたりと考えられますが、四〇〇〇万年前というと、ちょうどヒマラヤ山脈がつくられていた頃であり、ダイナミックな地殻の変動と時を同じくした登場です。そして、一五〇〇万年前頃に、それぞれの亜種の中で、またまた一斉放散が起きています。その中で、とくにオオオサムシでは、平行進化も見られたわけで、これを、平行放散進化と大澤は名づけました（図7―5）。これまで進化というと小さな変異が積みかさなって連続的に変化すると考えられてきまし

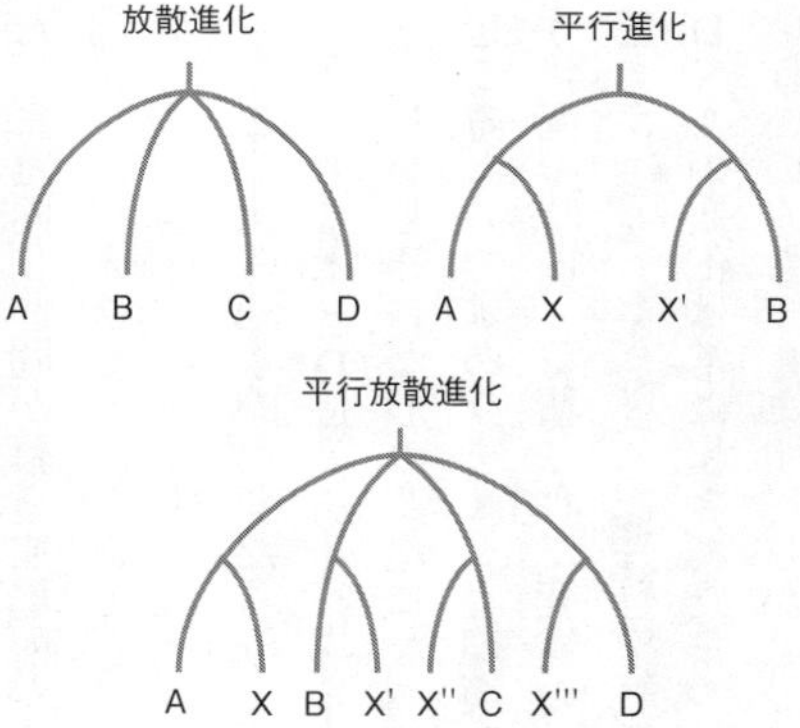

図7―5　平行放散進化

た。また同じ仲間が暮らす場所が変わることによって違ってくる、異所的分化に目が向けられてきました。しかし、オサムシという小さなムシの全体像を見てみると、そうではないらしいのです。おそらくこれはこのムシに限ったことではなく、生物に見られる進化の基本的な姿だろうと思います。

進化の基本はDNAの変化です。小さなDNAの変化は常に蓄積しているでしょう。しかしそれが形の変化になって表に現れ、自然選択にかかることはそうしばしば起こるものではありません。環境が大きく変化する、棲み得る場所ができるなどという状況の時に、蓄積された変異の結集が一斉に現れ試される（大きな例がカンブリア紀です）。そのような不連続の変化が目立ちます。ここで再確認しておきたいのは、DNAの変化は常に起きてたまっているということです。体の中では進化しているというういい方もできます。しかも最近のゲノム解析の結果、DNAはかなりダイナミックに変わっていることもわかってきました。遺伝子が重複する例はよく見られますし、ナメクジウオに始まる脊椎動物の進化の中では、ゲノムがそっくり四倍になったとしか考えられないふえ方も見られます。またバクテリアの世界では異種間でDNAのやりとりをするいわゆる水平移動がしばしば見られます。こうして、進化はなんでもありではなく、ゲノムの側にこれができるというポテンシャルがあり、それが具体化されていくものだということがわかってきました。平行進化はそれを示しています。

少々面倒な言葉が並びました。けれども、素直に考えてみると、なるほど、生きものってそうなっているだろうなと思わせる性質です。地球上の多様性の六〇％近くを引き受けている昆虫も基本は共通で、頭、胸、腹の三部分に分かれていて、六本の脚があり頭に触角をもっています。この形づくりの基本の遺伝子は、昆虫の祖先が誕生した時にすべて整っていたのでしょう。これが、ゲノムのもつポテンシャルです。もちろん、ＤＮＡは変化しますから、ゲノムも変わっていきますが、全体として昆虫の形を崩すようなものではありません。つまり、形としての全体性を壊すことのない範囲であれもこれもやってみるわけです。オサムシの場合、西でも東でもヤコンやらヒメやらアオやらと現れて生き続けてきているのは、それだけのムシたちが生きられる環境が日本にあったからでしょう。

進化は、まず生物の側の変化していく力があれこれの可能性を試みる（変化はまずＤＮＡに起きますが、それが直接進化につながるのではなく形づくりが必要です）、そしてその結果生じた個体が環境の中で試されるという組み合わせで起こるのですから、大きな変化は環境の大きな変化のある時に一斉に起こるという当たり前のことが、見えてきたわけです。当たり前だからこそ、自然の一部である生きものはこうやって生きているのだろうなと思います。

他の生物に見る平行進化の例

生きものはこうだろうなという思いは、平行進化という現象が、他の生物でもすでにいくつか報告されているのを知って、更に強くなりました。

一例が南米のドクチョウで見られます。アンデス山脈を挟んだ一帯は、氷河時代の激しい気候変動で、飛び地がたくさんできたのですが、それぞれの飛び地に、まったく同じ紋様のチョウが見られるのです。それぞれ独立に進化したとしか考えられないのに、なぜこのようなことが起きるのかふしぎに思われてきました。一九九四年にオサムシと同じようにミトコンドリアDNAの分析をした結果、形態（紋様）で同じと分類されていた離れた場所のものはDNA系統樹では離れた位置にくることがわかり、平行進化と考えられました。ヒメオサとオオオサの場合と同じ説明ができます。

もう一つ、大変興味深い例が、アフリカの湖にいるカワスズメという魚で見られます。アフリカ大陸を大きく東西に引き裂く大地溝帯にできた湖であるタンガニーカ湖は、世界最古の湖といわれます（二〇〇〇万年）。そこには約二〇〇種のカワスズメがいますが、DNA解析によってこれらは皆、湖の誕生時にいた数種の祖先から生じたものとわかりました。

一方、その南東にあるはるかに若い湖、マラウィ湖（七〇万年）にも多様なカワスズメが生存しており、その種類はタンガニーカ湖をはるかに上回る五〇〇種ほどです。ところがこの湖の魚は、一系統に属し、どうもこの湖ができた時にタンガニーカ湖から移ってきた一種から始まったのではないかと思われます。多様化はこの湖の中で起きたもので、タンガニーカ湖とは独立の歴史を歩んだことになります。

面白いことに、この二つの湖の魚たちを、形や紋様で分類し比較すると両者がピタリと合うのです。マラウィ湖ではたった七〇万年（進化の時計で測ると非常に短い時間です）の間に、一種から五〇〇種にも多様化し、しかもタンガニーカ湖のものと同じパターンを示したのです。少し時間をずらして平行進化が起きているわけです（図7—6）。

これは、前にオサムシで述べた、ゲノムの中にある種のパターンがあり、新しい場を得られればそれをすべて試みてみるという考え方で説明できます。カワスズメは、繁殖、摂食、子育てなどの行動に特徴があり観察研究がなされていますので、これから興味深いことがわかってくると思います。生命誌研究館で水槽で飼ってみました

図7―6　東アフリカのタンガニーカ湖とマラウィ湖に住むカワスズメ科の魚の形態的比較（Koche et al., 1993）．よく似た形や模様が見られる

ら、次々と子どもが産まれ、それを守る親の行動のみごとさに感心させられました。休むことなく子どもの側にいて、敵が来るとどんな大きな相手も追い払います。

平行放散進化の例は、まだまだたくさんあります。ゲノムは環境の許す限り必ずあれこれ試すけれど、決してなんでもありではないということの事実が私はとても気に入っています。

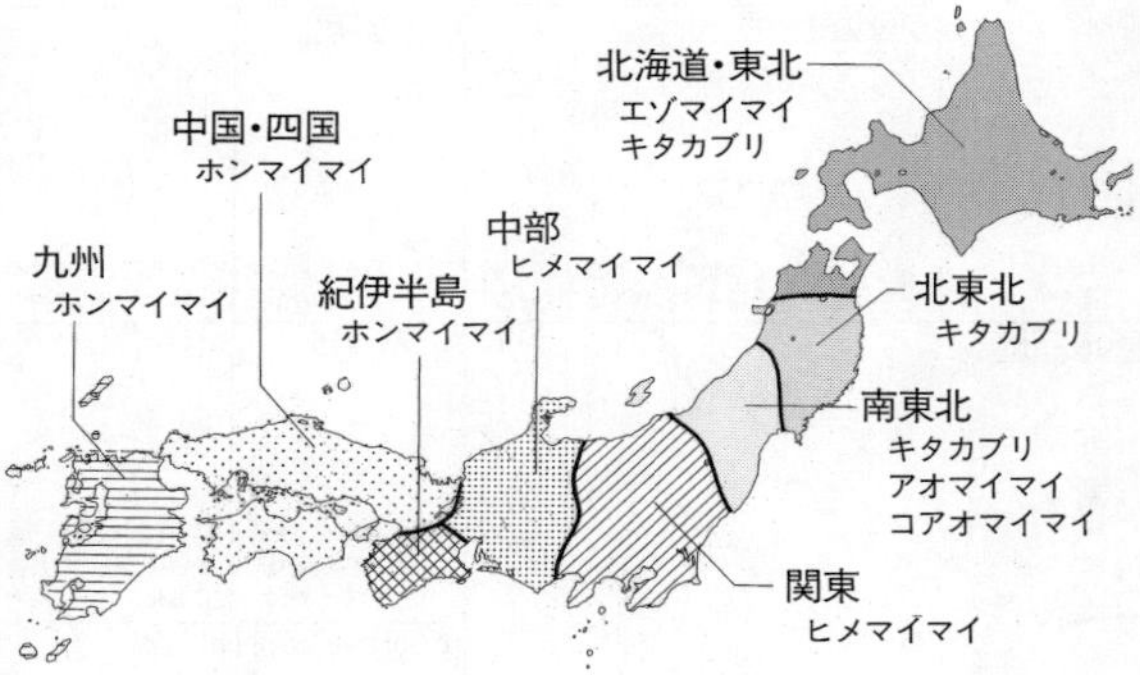

図7―7　マイマイカブリの分布　同名のものもDNAで見ると異なっている

マイマイカブリが語る日本列島形成史

再び、オサムシの系統樹に戻り、日本固有種マイマイカブリを見てみます。カタツムリを食べるちょっと獰猛《どうもう》な仲間で、ＤＮＡ分析による分類が、それが棲息している地域とみごとに平行して、北から南へと棲み分けられています。地面を這うムシなので棲み分けは当たり前といえばそれまでですが、その境はなにを意味するのか、これをＤＮＡは教えてくれません（図7―7）。

ここに、思いがけない情報がとび込んできました。古い岩盤に記された磁気の方角の分析から日本列島形成史を研究している地質学者が、この境目は、まさに日本ができてきた経緯を反映していると教えてくださったのです。二〇〇〇万年前、日本列島

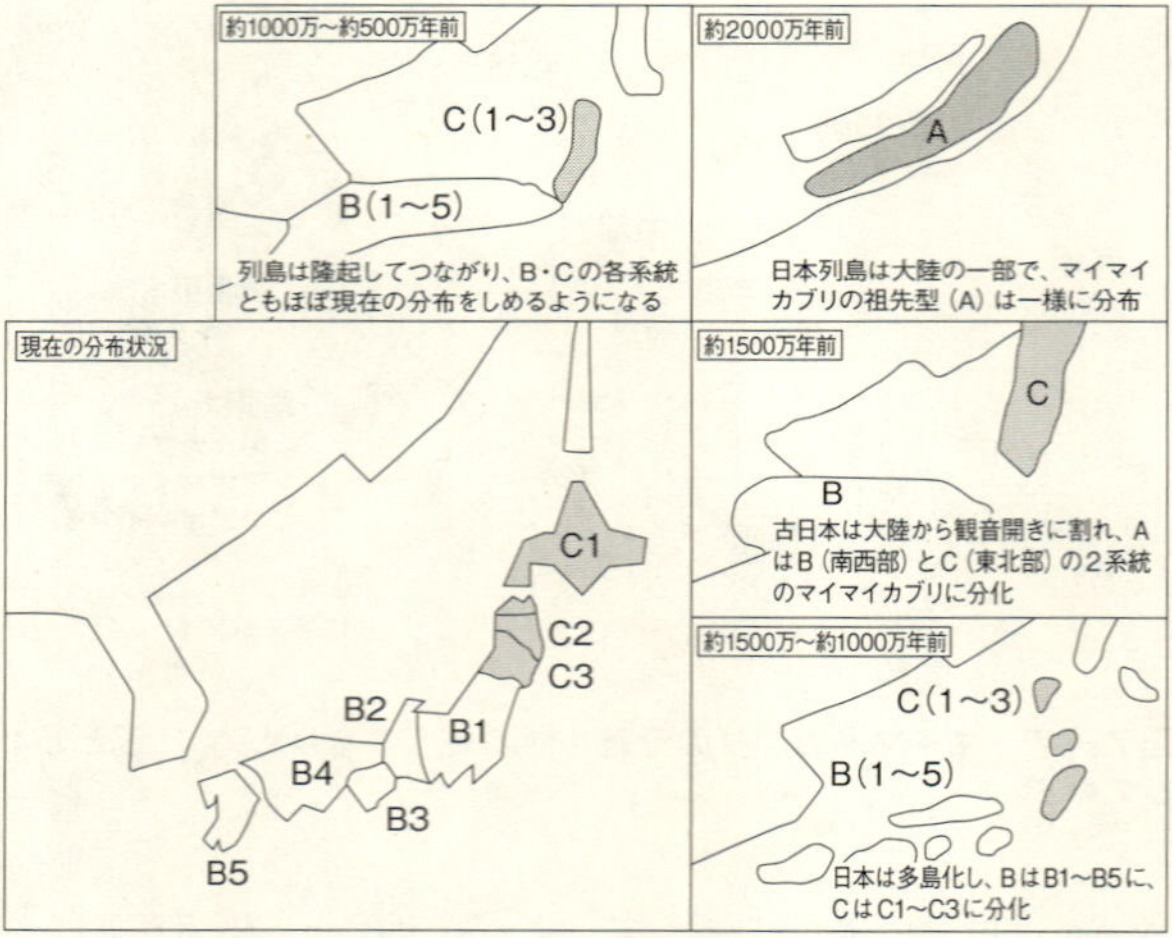

図7—8　マイマイカブリが語る日本列島形成史

は、アジア大陸の一部でした。地殻変動で大きな塊が大陸から離れ、最初は大きく二つに折れました。一五〇〇万年ほど前です。これは、マイマイカブリの系統樹が二つに分かれた時と一致します。その後の多島化を追っていくと、八つの島に八つのマイマイカブリ亜種が分かれていく様子がピタリそれとかさなります（図7—8）。

みごとな一致に生物研究者と地質研究者は驚き、次に喜びました。けれども、よく考えてみるとこれも当たり前です。ムシが乗っていた地面が動いたのですから。

それが「自然」というものです。自然を見つめれば、地面とムシが一緒に見えてくるのは当然です。ところが、私たちは学問を細かく分けて、生物学、地質学とし、それぞれの専門家を育て、独自の研究を進めてきました。オサムシが、日本列島形成史を語ってくれたのをきっかけに、生物だけに注目するのでなく、生きものとそれが関わり合うもの——生物側から見れば環境ですが、生物と環境というより、まとめて自然と呼ぶ方がよいように思います——まで見ていかなければ生命誌は読みとれないことに気づきました。当たり前のことというと、どこか否定的な響きがありますがとんでもない。当たり前のことを見ていくことこそ本質を見ることなのだと実感しています。

自然は日本に限るものではありません。一種類の生物で、世界全体を見ることができたら面白い。そう考えて、世界のオサムシと地球の大陸形成史との関わり合いを解く研究を始めました。二億年前、地球上には巨大なパンゲア大陸がありました。大陸が移動し始め、オーストラリア、北・南アメリカが分かれた後、ユーラシア大陸に現在のインド半島が衝突しヒマラヤ山脈が形成された四〇〇〇万年前、まさにその頃、その場でオサムシが誕生し、ヨーロッパへ、アジアへと広がっていったのです。南半球ではチリとオーストラリアにしかいないのですが、この分布も地史とかさなりまし

図7―9　オサムシ採集の様子　動物に食べられないように餌に唐辛子などを入れた紙コップ

た。こんな小さなムシで地球全体の形成を語れるなどとは初めは思っても見ないことでした。実は、これにはちょっとしたおまけがあります。宇宙飛行士の毛利衛さんが、二回目の飛行の時にオサムシの標本を一緒に連れていってくれたのです。数千万年もかけて祖先が歩いた地球を遠い宇宙から眺めてきて欲しいという思いを込めて送り出しました。宇宙船の打ち上げの時の写真と、乗員全員の署名入りのカッコイイ証明書付で生命誌研究館に展示しています。どうぞ会いに来てやってください。

ところで、この研究の生命誌らしさはもう一つあります。ここであげた一〇〇種一〇〇〇頭を超えるオサムシたちを集めるのは大変な作業です（図7―9）。もちろん研究者自身も採集しましたが、すべてを自分で採ることはできません。適切な時期に適切な場所へ行くための情報を手に入れるだけでも大変なのです。そこで活躍してくださったのが、全国の昆虫愛好家。自然の中でのオサムシについての知恵袋のような方ばかり、六〇人ほどのネットワークができ、ニュースレターで情報交換を行ってきました。世界のオサムシ研究には、外国の方も協力してくださいました。

科学は専門家のものであり、その成果を社会の人々に教育・普及・啓蒙という形で伝えていくというのが常識になっています（以前は、これも行われず研究成果は専門家の中にだけ閉じ込められていました）。けれども、生命誌では、それは止めようと思います。教育・普及・啓蒙は禁句にして、皆で知識や知恵を共有できるようにするのが本来の姿だと思うからです。

フナムシはどうだ

オサムシで面白い結果が出たのに刺激されて、昆虫の系統樹づくりが盛んになりました。その中、甲殻類のダンゴムシの仲間で、海岸にいるフナムシの系統樹を見てみました。日本には五種おり、ミトコンドリアＤＮＡの分析は、やはり基本的には地域による棲み分けがありながらおそらく海洋性ももつためでしょう、海流に乗った移動を思わせる結果も見えました。ところで、フナムシでは、時々おかしなデータが出ました。北海道・東北にいるキタフナムシが東京湾内にいたのです。外湾はまったく違う種なので、なにかが起きているはずです。東京湾以外にも内湾は近くのものとはずれていて、外国産種と重なる例も見られました。このおかしなデータの秘密は、おそらく港への船の出入りではないでしょうか。船と共に移動したのです。つまり、オサムシは古い時代の日本列島の動きを教えてくれたのに対し、フナムシは人間の社会活動を反映しているのです。

進化のメカニズム、何千万年の長い間に起きた進化の実態、人間の社会活動などなど……雑多に見えますが、皆関係があり、これこそ自然を知る研究だと実感しました。単なる現象の観察ではなく、生物とはどのような存在なのかという本質を知りたいので、進化のメカニズムを知ることは重要テーマですが、そこだけに入り込んでしまわないように気をつけています。専門家だけでなくアマチュアとも協力する楽しさを味わいながら、生命の歴史物語を少しずつ読んでいきたいと思います。

進化の様子を見ると、確かにダーウィンがいった変異と自然選択という言葉の内容が具体的にわかってきました。進化については、ネオダーウィニストとそれに反対する人々とに分かれていますが、私の気持ちは、ダーウィンは自然をよく観察しており、基本的にはよい方向を示してくれたと思います。ただ、ＤＮＡの分析までできるようになって調べてみると、進化は徐々に起きるというより、変異を蓄積し、表面には一度に出てくると考えられるので、事実に基づいて進化の姿を追っていくという態度をとりたいと思うのです。近年ゲノム解析が急速に進んでいるので、ゲノム全体の比較から進化はもっとはっきり解明されるでしょう。

第8章　ゲノムを読み解く——個体づくりに見る共通と多様

生物の歴史を追うには、ゲノム内の遺伝子に注目して分子系統樹を描いていくという方法を用いることができます。藻類を用いての真核細胞の生成、オサムシを用いての昆虫の登場と移動など、私たちが実際に行った研究例でその一部を見てきました。

ところで、ゲノムから歴史を知るもう一つの方法として、個体づくり、つまり発生を追うという道があります。道があるというより、これまでにも何度も述べてきたように、生きものの基本はなんといっても個体であり、それがどのようにしてでき上がり、暮らしていくかを追うことこそ研究の基本です。ダーウィンの進化論では自然選択が重要な要素で、変異が起きた時、環境に適応できるかどうかが大事だという見方をしています。しかし、それ以前により厳しい選択があります。ある変異が起きたために個体がつくれないのでは生まれてくることすらできません。一個の遺伝子のはたらきとしてはより強くはたらく方へ変わったとしても、ゲノム全体で一つの個体をつくろうとした時に、それが邪魔になったらそれは個体としては生まれてこられない。

まず大事なのは生まれてくることです。逆にいえば、生まれてきたということは、個体として存在し得るという保証です。よく、遺伝子研究が進むと差別を助長するという声を聞きますが違います。すでに差別のある社会で遺伝子のはたらきがわかると、能力が違うからという理由で差別が起きる危険性があります。けれども遺伝子の研究をしていると、今述べたように、ヒトならヒトという生きものとして生まれてくること自体が大変なことなのであり、生まれてきた人すべてが一様にその存在を認められていることが分かります。そこに差異はあっても差別はあり得ません。実は他の生物の場合、その後に環境の中で生き抜く闘いがあり、不利な個体は生きられない場合が多いのですが、人間は私たちの文化として、皆が生きられるようにしようという選択をしました。実は、遺伝子から見た場合、すべての人に一〇個近いなんらかの変異があることがわかっているので、答えは一つしかありません。障害をもつ人も暮らしやすい社会のシステムをつくり、私たちの意識からも差別をなくすようにすることです。これが、ゲノム研究が教えていることです。

ここでまた生物学に戻りましょう。オサムシのところで生きものの形を決めるスイッチ役をする遺伝子があるらしいことを見ました。同じ昆虫であるショウジョウバエでは、一万二〇〇〇個あるとされる遺伝子のうち、体の形を決める基本の遺伝子はごく少数で大部分は遺伝子のはたらきや細胞間の相互作用を制御する遺伝子であることがわかってきました。ものをつくることも大事だけれど、それをいつ、どこで、どれだけつくるかという調節がより大事なのです。それが生きものの巧みなところです。ここでもまた、私たちの社会もこれがうまくできれば、不要な廃棄物などたまらないはずなのにと思います。

個体の誕生

身近にある個体といえば動物と植物があります。

植物は細胞壁のある細胞の集合体であり、葉、茎、根のような構造体をつくってからも、それぞれが、さし葉、さし木などによってまた植物全体になります。比較的独立性の高い細胞集団になっているのです。それはそれで興味深い性質なのですが、ここでは、多細胞の特徴がより明確に出ている動物に注目します（植物を脇に置くのは本当は心苦しいのです。まず植物は、一つ一つの細胞が独立性を保ち、また全能性を保ちながら、なおそれぞれ葉、茎、花などに分化するので、この時ゲノムはどのようにはたらいているのかとても知りたいところです。これについてはクローンのところで少し触れます。また、動物との共生関係、生態系、環境などを考えると植物の力は

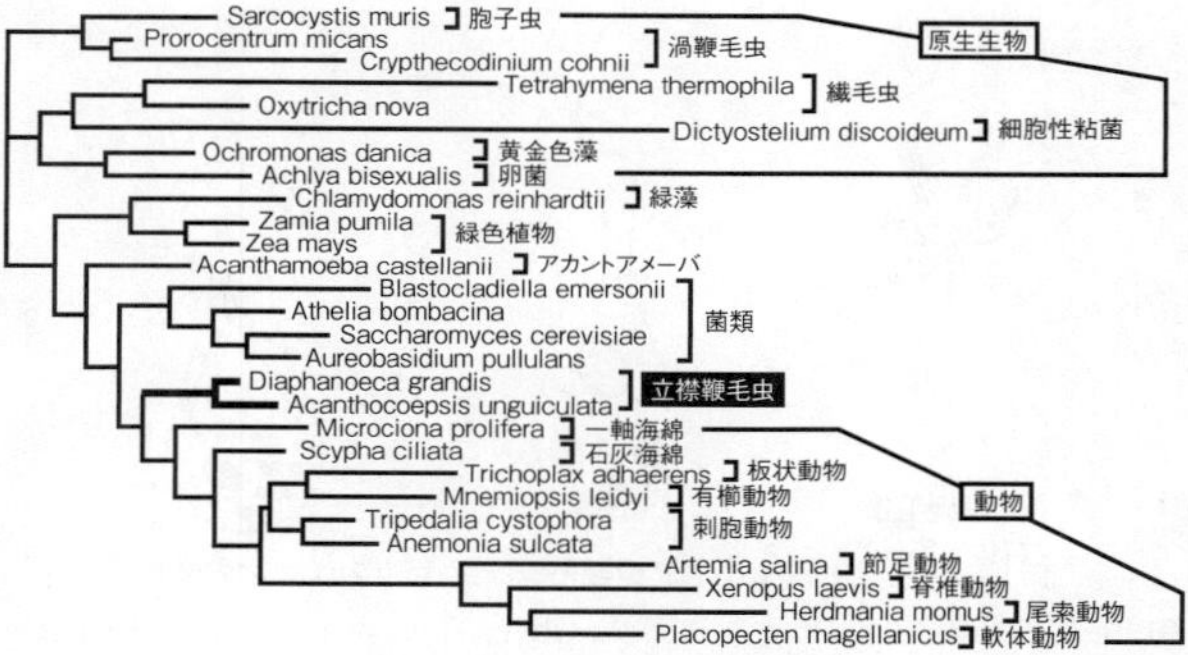

図8―1　リボソームRNAの分析から見た原生生物、植物、菌類、動物の系統関係（宮田隆『DNAからみた生物の爆発的進化』岩波書店より）

大きく、生きものの歴史の中でも重要な役割を果たしています。けれどもここでは植物にまで手を伸ばす余裕がありませんので涙を呑みます）。

そこで動物に眼を向けると、たった一つの細胞（受精卵）から一つの個体ができ上がっていく様子は、魔法のようです。しかも、一見同じように見える卵から、チョウが生まれたりカエルが生まれたりするのですからふしぎです。今では、その基本は卵の細胞のゲノムの中に書き込まれていることはわかっていますので、チョウやカエルなどそれぞれのゲノムがどのようにしてそれぞれの生物をつくっていくのかを調べていくわけです。

ところで、進化の話で最初に現れたのは

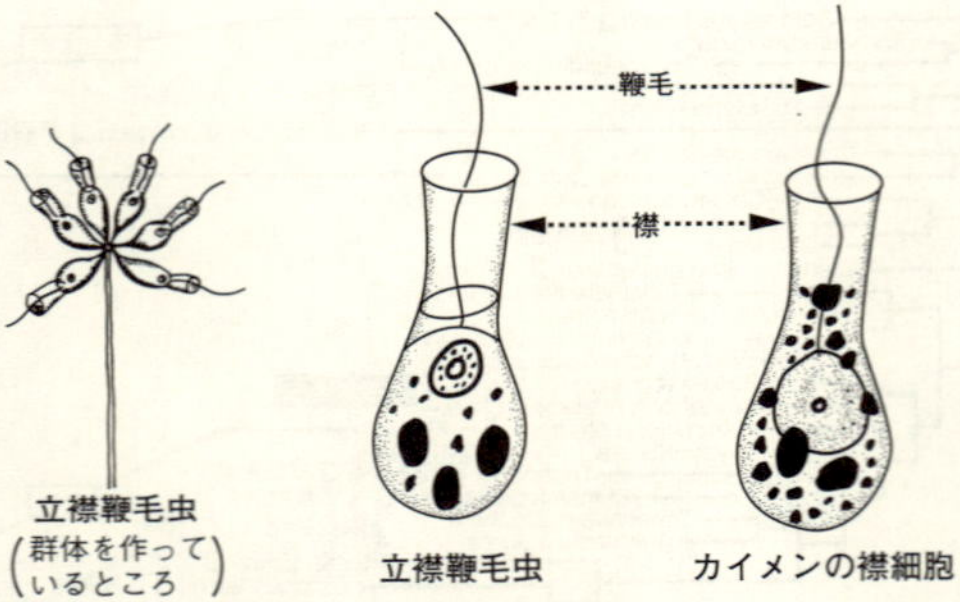

(R. S. K. Barnes, P. Calow & P. J. W. Olive, The Invertebrates —— a new synthesis, Blackwell Scientific Publications〈1988〉より改変)

図8—2　立襟鞭毛虫が動物の起源!?（宮田隆『DNAからみた生物の爆発的進化』岩波書店より）

単細胞であることを述べました。そこでまず知りたいのは、多細胞生物はいつ、どんな細胞から生まれたのかということです。そこで、ゲノム（実際にはRNA）分析を見ると、思いがけないことに動物は菌類（キノコなど）に近いことがわかりました（図8—1）。菌類といってもいろいろありますから、その中のどれが多細胞のもとになったのか。大きなテーマでまだ答えは見つかっていませんが、分類表を見ると、立襟鞭毛虫が一つの候補のように見え、確かにこの細胞は群体をつくります（図8—2）。

しかも動物の分類表でその始まりのところにいるカイメンには、これにそっくりの細胞があります。京都大学の宮田隆先生は、動物に不可欠なシグナル伝達系（細胞間コミュニケーション、環境への対応などすべてに必要）や形づくりのための遺伝子のほとんどがすでにカイメンで整っているというデータを出しています。宮田先生はこのあたりに出発点がありそうだと睨んでいるようですし、私も興味をもって、カイメンに細胞の接着分子の遺伝子を探しました。この他、単細胞と多細胞をつなぐところにいる生物は、粘菌や前に紹介したボルボックスなど興味深いものばかりです。

粘菌は森の地面に住むアメーバ状の単細胞でバクテリアなどを食べていますが、食物が不足すると細胞たちが集まって一万個ほどの細胞の塊になります。それがキノコのような形になっており、また環境がよくなると、そこからまた一つ一つの細胞が分かれてくるのです。今粘菌のゲノム解析が進んでいますので、ここから近いうちに多細胞化への道について新しいことがわかってくると期待します。

細胞の接着と細胞間コミュニケーション

たった一個で生きていた細胞が多細胞生物をつくるようになった時に新しく獲得した性質は、お互いが接着することと細胞間コミュニケーションです。カイメンや栄養状態が悪くなりアメーバ状態を止めて集合する時の細胞性粘菌などではすでに接着が見られます。分裂した細胞が離れて独立せずに一緒にいるようになるわけです。

細胞をくっつけるものはなにか。発見されたいくつかの分子の中で最もよく知られているのがカドヘリンです。さまざまな生物で、この物質が接着の役割をしており、しかもそれは単に物理的につけるだけでなく、情報伝達の役割もしていることがわかってきました。生物が面白いのは、構造とはたらきとが常に関連していることです。接着剤は接着剤、情報伝達は情報伝達となっていない。その結果、細胞が構造の単位でありながら機能の単位であるというみごとさを示すのです。私たちがつくる機械はこうなっていません。ここでも生物に学ぶことが出てきました。カドヘリンにはE・N・Pなど一〇種類ほどが知られており、同種のカドヘリン同士しか結合しません。これをうまく活用し、種類の違うカドヘリンを使いわけて、細胞をくっつけたり、離したりしながら形をつくっていくのです。受精卵が分裂をして胚になった時、外胚葉には、Eカドヘリンがあって細胞をくっつけています。そのうち、一部の細胞でEカドヘリンが消え、その細胞は離れて中胚葉になり、そこから肺や心臓ができます。そこではNカドヘリンという別の分子が生じてきます。したがって、たとえば胚から肝臓と網膜部分を取り出しバラバラにしてから、再び集めると、肝臓は肝臓、網膜は網膜で集まります（図8―3）。つまりカドヘリンは、でき上がったものを肺は肺、網膜は網膜として集めておく役割と、発生の途中でそれぞれの臓器ができていく過程の両方を支えているのです。まったくうまくやっているものです。

進化の中ではいつからカドヘリンの遺伝子が登場したのでしょう。粘菌ではどうか。多細胞の中で最も簡単な構造をしているカイメンではどうか。これらの生物たちが、動物の体づくりの基本を考える大事な鍵を握っています。このように生命誌で

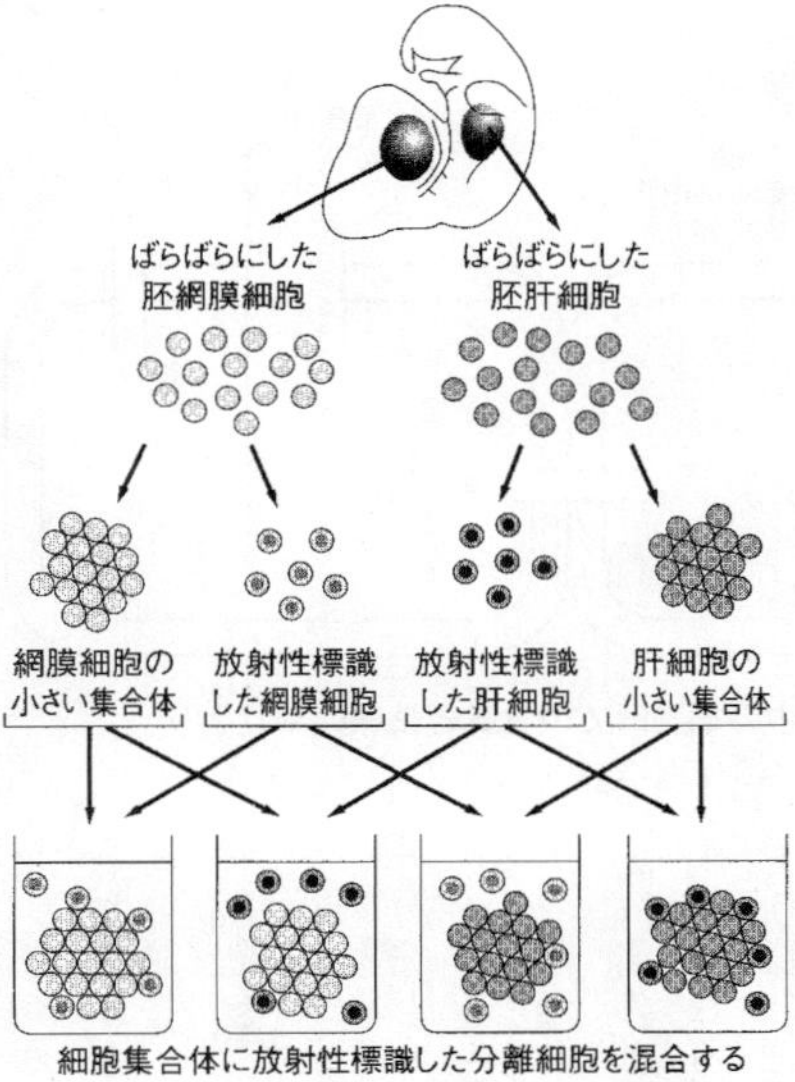

図８―３　脊椎動物胚での器官特異的な接着
（B. アルバーツ他著、中村他訳『細胞の分子生物学　第３版』ニュートンプレスより）

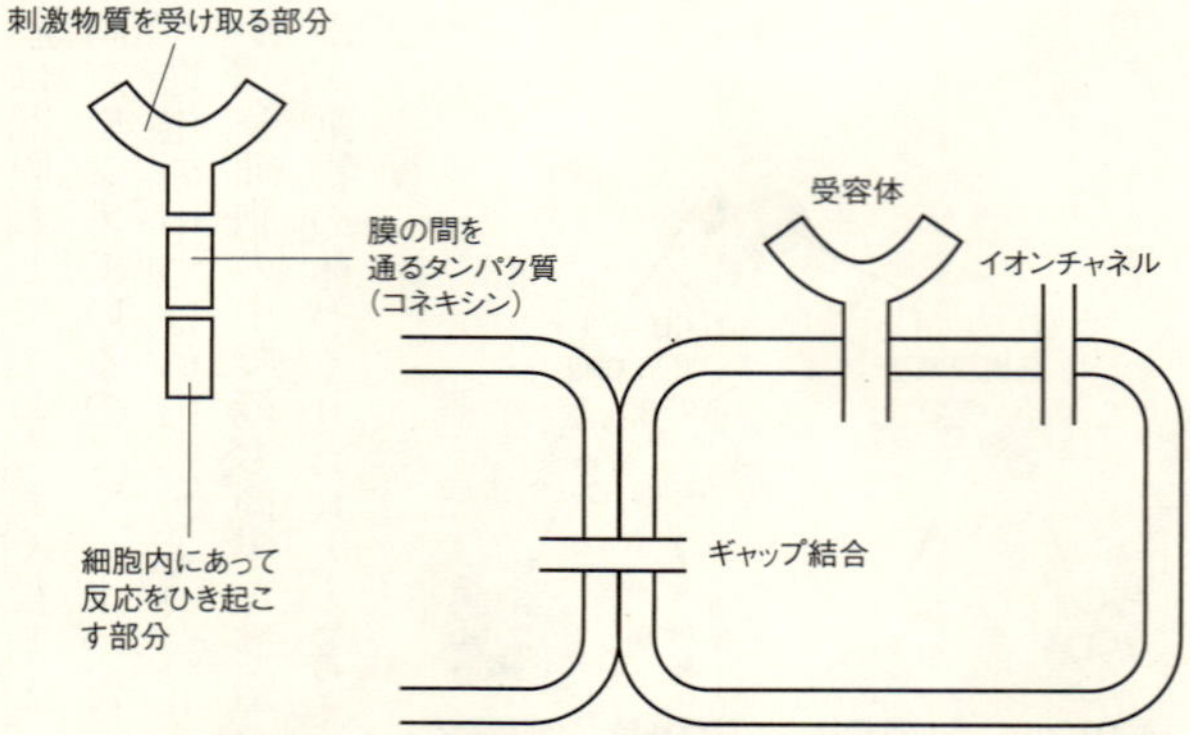

図8—4　体中の細胞間での物質と情報のやりとり

は、思いがけない生物が重要な生きものとして浮かび上がってきます。

秘密兵器は受容体

カドヘリンが単なる糊ではないことがわかりましたが、細胞にはそれ以外にも相互のコミュニケーションをする装置が大別して三種類あります(図8—4)。第一は、隣同士の細胞間での物質のやりとりの時に用いられるギャップ結合です。図に描いたように細胞膜の間にコネキシンと呼ばれるタンパク質が入り込んで二つの細胞をつないでいます。こうして細胞はすべてつながりながら、物をやりとりします。

二つめは、ある細胞が分泌した物質が血流などの体液によって流れ、離れた細胞にも影響を与える場合です。内分泌系（ホルモン）による制御はこうして行われます。この場合、制御される細胞の側に受容体があることが重要です。受容体によってホルモンの作用を受けた細胞ではさまざまな反応が起き、隣接細胞との間にギャップ結合をつくって物質を送り込んだりします。こうしてホルモンの影響は遠くの細胞に及び、しかもその付近の細胞に行きわたります。

もう一つ、神経系での情報伝達のやり方があります。神経細胞は、特徴のある形（図8—5）で、長い神経線維を電気信号が走って体中に外界の刺激や脳からの指令を伝える役割をしていますが、この信号も最終的に相手の細胞に伝わるところでは、

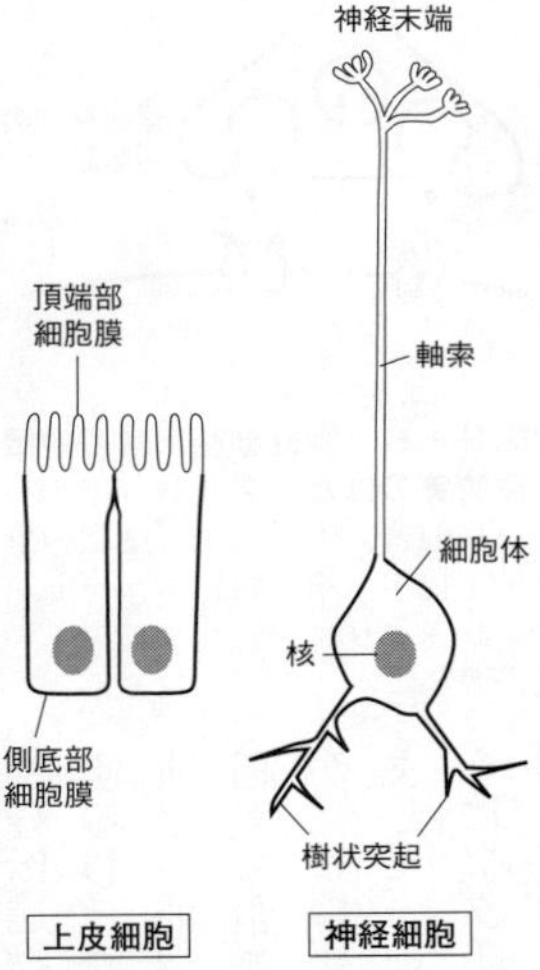

図8—5　上皮細胞と神経細胞の比較　形は違うけれど基本は同じ（B．アルバーツ他著、中村他訳『細胞の分子生物学　第3版』ニュートンプレスより）

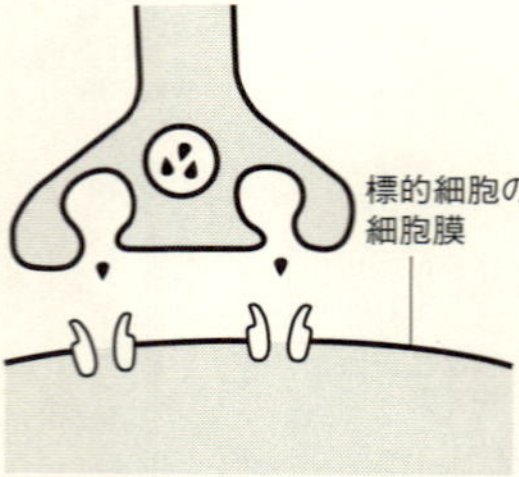

図8―6　神経細胞末端での伝達物質のはたらき（B．アルバーツ他著、中村他訳『細胞の分子生物学　第３版』ニュートンプレスより）

神経伝達物質を出して相手細胞の受容体を刺激するわけです（図8―6）。それにしても神経細胞の細胞体で合成された物質を一メートルを越える距離の神経末端までどうやって運ぶのか。この秘密は東京大学の広川信隆先生が解きました。神経線維の中にちょうど高速道路のようにアクチンというタンパク質でできた線維が通っており、その上をモーター分子という分子が必要な物質を運んでいくのです。細胞はよく都市に例えられますが、こういう場面を写真で見るとまさに都市のような気がします。

このように、それぞれの細胞に特定の受容体ができることは、それぞれの細胞が特定の役割をもつことであり、ここに細胞の役割分担、つまり分化が見られるわけです。分化は、細胞間のコミュニケーションとのセットで起きています。もちろん、こうして細胞に受けとられた情報は、細胞の中で必要な場所に届けられなければなりません。今回はその詳細は省きますが、ここでのシグナル伝達は、あらゆる生命現象の基本ですから、今盛んに研究されています。そこで興味深いのは、免疫、がんなどという現象のいずれもが結局は同じシグナルの伝達系につながることです。どうも基本は同じようです。

こうしてみると、私たちの体は〝モノ〟でできているということを実感します。小さな小さな物質の微妙な構造の違いを巧みに使って、お互いを区別したり、話し合ったりするのですから。私たちはよく、生きものを〝モノ〟のように扱ってはいけないといいます。その意味はよくわかる一方で、生きものが、〝モノ〟のもつみごとな能力を使っているのだということに驚き、そこに目を向けないと、人工物をどのようにつくるかという基本ができ上がらないと思うのです。化学物質の使い方など、この延長上で考えて生態系にうまく合う系をつくっていく必要があります。多細胞生物の秘密兵器は膜を通過して存在する共通の構造体に帰しますし、発生、分化、内分泌系、神経系、免疫という複雑なはたらきはほとんど同じメカニズムで行われているのです。そこで、受容体、カドヘリン、ギャップ結合、イオンチャネルなどを構成している物質の構造を見るとよく似ています。これらはおそらく、真核細胞（二倍体細胞）が誕生した時にもっていた遺伝子が重複し、その中のどこかが変化するという方法で生まれたのだろうと想像できます。ここからも進化は小さな変異で起きるよりもむしろ、大きくゲノムの一部が重複するというような変化が基本になっていると考えられます。そこで最初に生まれた真核細胞にあらゆる可能性があったと考えたくなります。

だから生きものなんて大した存在ではないというつもりはありません。むしろ基本構造は単純なのに、それを用いて多様な姿を見せるところが素晴らしい。だからこそ、このメカニズムがちょっとおかしくなると面倒なことになります。たとえば、受容体の微妙な変化が細胞増殖の制御を変え、細胞をがん化させますし、免疫系でそれが起きると自己免疫という面倒なことが起きます。後で触れる環境にホルモン様物質が存在することの問題もこのメカニズムと関連します。巧妙さと同時にもろさももっているこのようなシステムをつくりあげてきた過程（系統発生）は、生物そのものが生まれてくる過程（個体発生）につながっているに違いありませんし、その背後にあるゲノムの中にそれを関連づけるはたらきがあるはずです。個体をつくる基本、つまりボディ・プランを知って、その基本を解明してみたいと強く願います。

シートをつくる

多細胞生物の形はすべて、細胞が並んだシート（上皮）からできています。多細胞生物の細胞は、接着できるというより、必ず隣とくっついていないと落ち着かないの

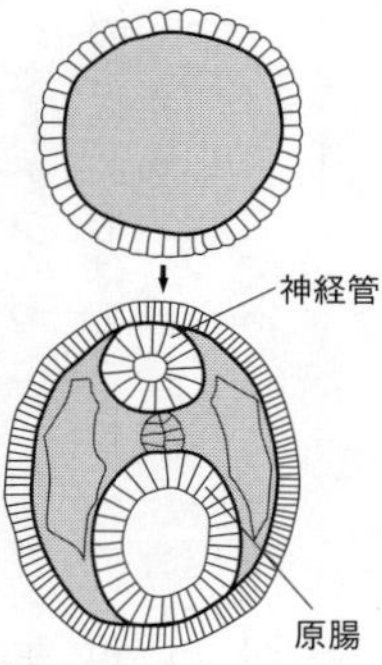

図8—8　ナメクジウオの発生（本多久夫『シートからの身体づくり』中公新書より）

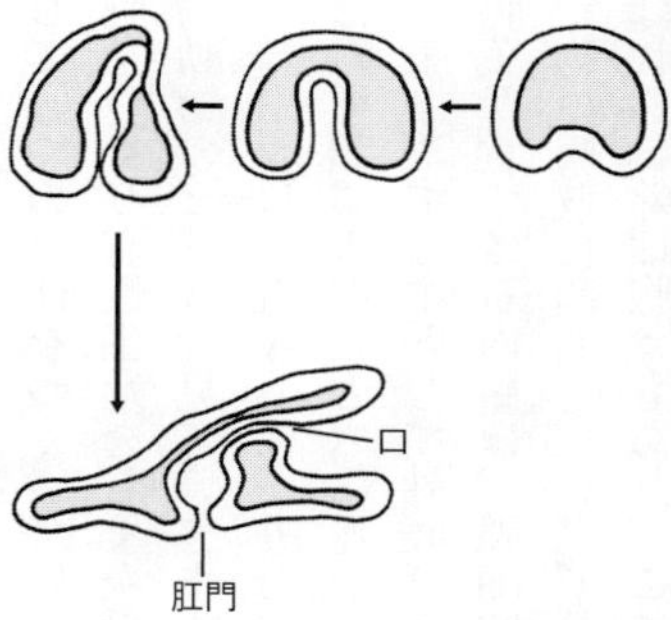

図8—7　ウニ胚発生の模式図（本多久夫『シートからの身体づくり』中公新書より）

で、細胞が集まると、自然に閉じたシートができます。

このような、シートを出発点とした生物の形づくりの基本をウニに見ることができます（図8—7）。まず消化管ができて食物をとり、細胞内に栄養分を取り込んで生きていく一つの形となります。次に、上皮シートの一部が凹んで外側が融合し細長い管ができ、それが神経管になりました。ここにあげた例はナメクジウオ（図8—8）ですが、消化管と神経管のあるこの形は、私たち人間でも同じです（神経管は脳の始まり）。

大雑把にいうと、上皮というシートが、折れ曲がったり、凹みをつくったり、時にはその一部がはがれてまた別のシートをつくったり（血管や生殖器などはこうしてつくられる）していけばほとんどの生物の形はできますので、重要なのは、シートにならずにはいられない細胞の性質であり、どんなに複雑になろうとも基本は変わりません。ここでまた、真核細胞あっての私たちであり、ウニやナメクジウオあっての私たちだと思うわけです。

形づくりを追う――ヒドラに見る基本

シートから形をつくり、細胞間でコミュニケーションをとりながら分化し、全体として一つの個体をつくっていく点はどの生きものも同じです。その中で特別に生殖細胞をつくり有性生殖をして次世代をつくっていくようになった多細胞生物の基本を腔腸動物のヒドラで見ていきます（図8―9）。

ヒドラは、五～一〇ミリほどの大きさで一〇万個ほどの細胞から成り、細胞の種類は六種類（人間だと六〇兆個二〇〇種類）です。外胚葉、内胚葉の二胚葉性（二枚のシート）で、主として外胚葉からできる外層は表皮、筋肉細胞、刺細胞、主として内胚葉からできる内層は、腺細胞（消化酵素を分泌）と消化細胞（一種の筋肉細胞だが食物の吸収に関わる）、外層と内層にまたがって神経細胞があります。間質細胞と呼ばれる「幹細胞」もあり、ここから神経細胞、刺細胞、腺細胞、更には生殖細胞も産学術をポケットに！

学術は少年の心を養い
成年の心を満たす

講談社学術文庫のシンボルマークはトキを図案化したものです。トキはその長いくちばしで勤勉に水中の虫魚を漁るので、その連想から古代エジプトでは、勤勉努力の成果である知識・学問・文字・言葉・知恵・記録などの象徴とされていました。

み出します。こうして見ると、私たちの体をつくっているものはすべて備えており、ヒドラ君、生意気にも小さいくせにちゃんとしているじゃないと思ってしまいます。ここで生意気にもなどというところが、人間の不遜なところなのですが。

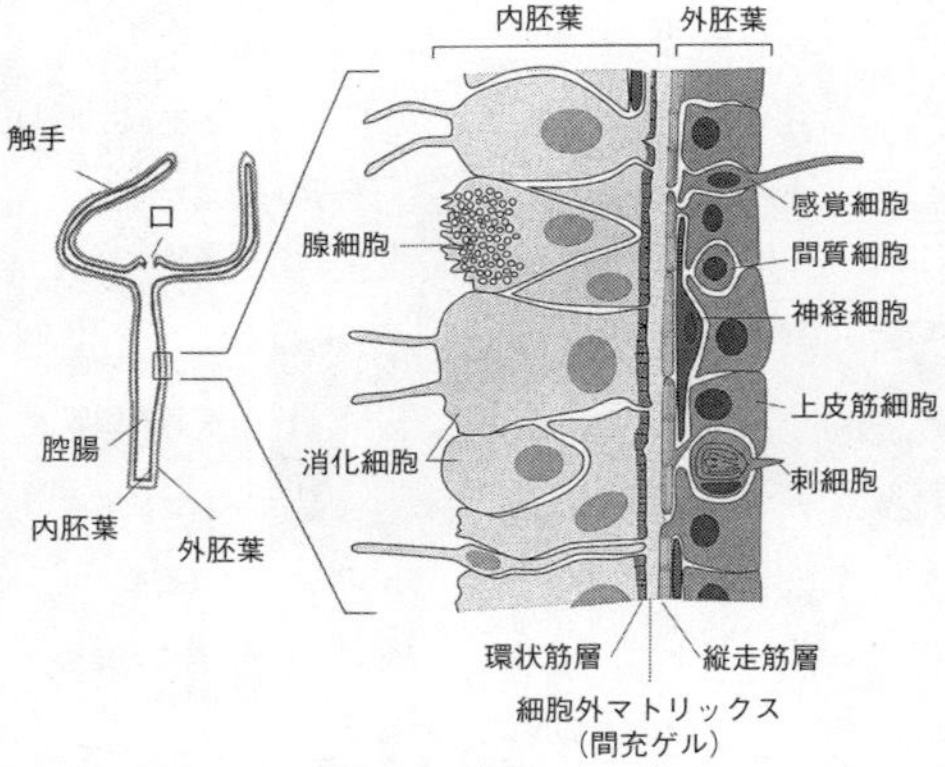

図８—９　ヒドラをよく見ると（B．アルバーツ他著、中村他訳『細胞の分子生物学　第３版』ニュートンプレスより）

幹細胞は体づくりの中で興味深い存在です。細胞死のところでも述べましたが、体をつくる細胞がそれぞれの役割に分化し、はたらきを終えると死ぬという運命の中で、幹細胞は新しいものを産み続けます。よく知られているのが皮膚です（図８—10）。表皮細胞は角質化してはがれ落ちますが（アカ）、内部にある幹細胞が分裂し、その一部が表に出て暫くはたらいた後、また死んでいくというわけです。幹細胞は一生の間、新しい皮膚を供給するわけで、

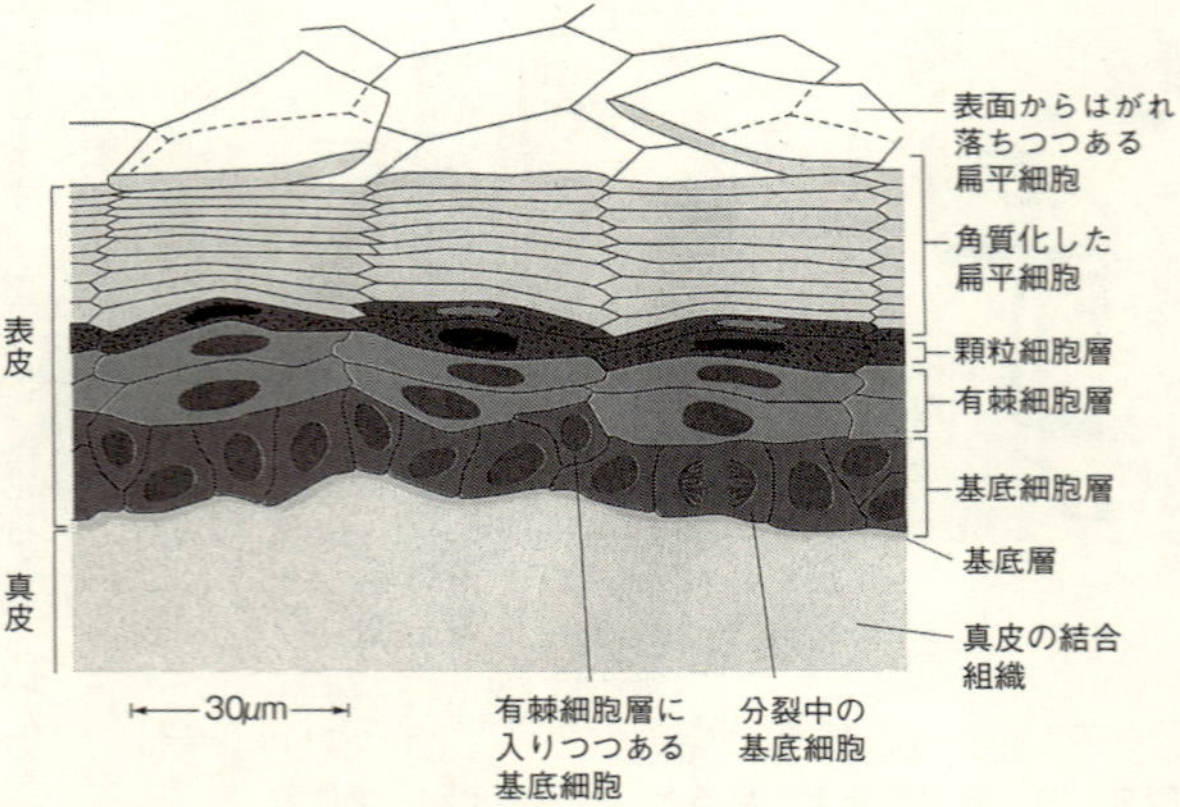

図8—10　皮膚ができる時の単位　ここに見られる柱が増殖単位で柱の底にある10〜12個の細胞の中の1個が幹細胞（B．アルバーツ他著、中村他訳『細胞の分子生物学　第3版』ニュートンプレスより）

その意味では個体が生きている間は不死です。すでに、生と死が共存することを見てきましたが、形づくりと維持の中での生と死を細かく見ていくと興味深いことがあります。その一つが再生。トカゲのシッポは再生しますし、プラナリアは切っても切っても再生します。プラナリアの場合、幹細胞が体中に分布しており、条件が悪くなると自分で体を切って無性的に増殖することも知られています。

私たちは、怪我をした時に皮膚や骨が再生してくる程度であり、複雑化の代償としてその種の生命力は失ったと考えざるを得ません。

生きものとしての能力をどのようなところで見るかによって、どの生物がうまくできているると考えるかが違ってくるわけです。第1章で複数の時間をもつ大切さに触れましたが、それは同時に複数のものさしをもつことでもあります。なんでも人間中心に見るのでなく、再生という面から見ればプラナリアってすごいんだと思うものさしも大事です。

体づくりの遺伝子

生きものの形は多種多様ですが、ボディ・プランとしてみると思いがけない共通性があるというのが、今急速に進んでいる研究から感じることです。体の基本構造を支える遺伝子のはたらきを探り、更にその先の多様性に向かう部分ではたらく遺伝子を探るという二段構えで研究を進めていけば、ゲノムの進化と形づくりとが関連づけられるだろうと思います。エボ・デボという言葉があります。エボは進化（Evolution）、デボは発生（Development）です。この二つが深く関係していることが実感され始めたのです。一つ一つの生きものの形づくりと生きもの同士の関連とが同じところから追えるようになった。まさに、生命誌の視点が生きています。

体づくりのさまざまな試みとして有名なのが、約六億年前に起きたカンブリア紀の大爆発といわれる時期ですが、遺伝子はこの時期にはふえておらず、九億年前にすでに遺伝子の大爆発があり、動物特有の遺伝子のほとんどができてしまったというデータがあります。その後は、既存の遺伝子をいかに組み合わせてネットワーク化していくかという変化によって多様性を生んできたと考えられるわけです。遺伝子と形づくりの関係が少し見えてきた興味深い話です。おそらく進化はすべてこのようにして行われているのでしょう。オサムシのところでその一端が見えましたし。こうして少しずつ生命の物語ができ上がっていきます。

前後軸・背腹軸・体節

シートから形づくりをするには、前後、背腹、左右の軸が大事です。まず生じたのが前後軸。ヒドラですでに前後は決まっており、動物にとって最も大事なのは頭、胴、尾を決めることのようです。プラナリアになると背と腹が決まる。この辺りの遺伝子のはたらきは次々と解明されつつあり面白いのですが、細かいので省略します。

前後、背腹の決まった後、それに沿った位置情報が生じ、それに従ってどの辺りになにをつくるかが決まっていきます。私たちが日常目にする動物のほとんどを占める脊椎動物（魚類、両生類、爬虫類、鳥類、哺乳類）と節足動物（昆虫や甲殻類など）

の体は体節によってつくられていきますが、そこにも驚くほどの共通性が見られます。ショウジョウバエとマウス、ヒトでの形づくりを支配しているＨＯＸ遺伝子は、マウス、ヒトで同じ遺伝子の組が四つかさなったという以外同じであり、そのはたらき方がまったく同じ（図８―11）ということがわかった時は、研究者は皆驚きました。ハエもヒトも同じなんて。でもウニやヒドラに形づくりの基本は同じと感じさせるものがあるのですから、その背景にある遺伝子にも共通点があってもふしぎはないでしょう。ここからボディ・プランの基本が解けるに違いありません。

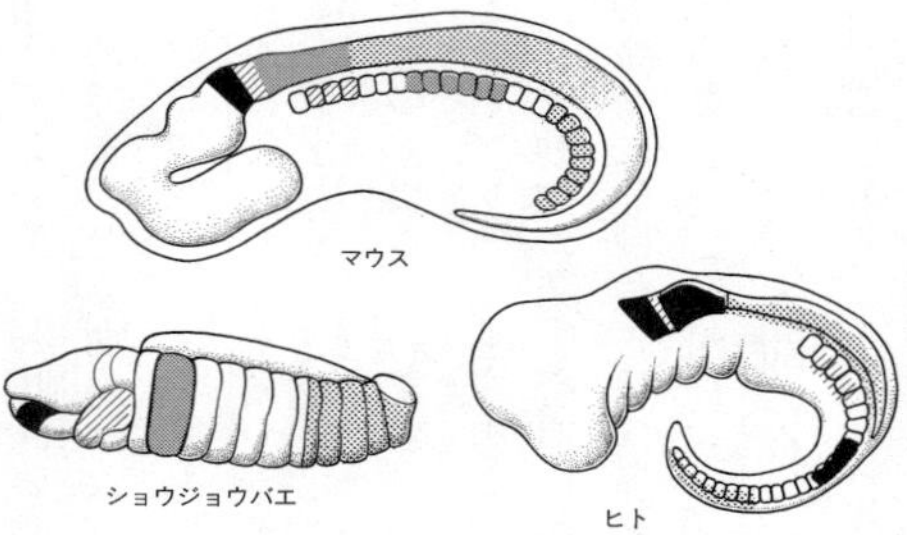

図８―11　ヒト・ショウジョウバエ・マウスのHOX遺伝子（M．ホーグランド・B．ドッドソン著、中村桂子・中村友子訳『Oh!　生きもの』三田出版会より）

生きものづくりをするのは鋳掛け屋

多細胞生物すべてに共通の形づくり、脊椎動物と節足動物に共通の形づくりが見えてきたということは、その基本はかなり保守的に続いてきたことを意味します。その中で新しい機能を加えていく際に興味深いのは、元々はある機能をもっていたものが、後から出てきた生物でまったく別のはたらきをもつ例が少なくないことです。植物の光合成に関係するクロロフィルと私たちの体の中のヘモグロビン、バクテリアの中にあってチーズづくりに使われているレシチンという酵素と私たちの眼にあるタンパク質など、いい加減に流用したとしか思えない例がたくさんあります。生きものづくりは鋳掛け屋さんだとつくづく思います（もっともこの商売は若い人には通じなくなっているようで、しゃれていうならブリコラージュでしょうか）。

脊椎動物の発生を追いかけていくと、胚の段階ではほとんど区別ができず、そこから徐々に魚は魚、鳥は鳥という独自の形ができ上がっていくことは昔からよく知られていました（五四頁、図2—7）。形の基本を決める骨格を見ると、その変化がよくわかります。人間の脊柱《せきちゅう》は、図8—12のように頸椎《けいつい》（七個）、胸椎《きょうつい》（一二個）、腰椎《ようつい》（五個）、仙骨《せんこつ》（五個）、尾骨《びこつ》（三〜五個）となり、首と腰はよく動くようになっています。この形の始まりは魚類ですがこの場合、同じ骨が頭のすぐ下から尾まで並んでおり、首もありません。体全体を動かして泳いでいる魚の姿を思い起こしてくださ い。次いで両生類になると、陸に上がって四肢をもち、脊柱の一部が肢とつながるようになりました。首の部分は上下には動きますが左右には動きません。サンショウウオが左右に動く時は体全体を動かしています。爬虫類になると頸のところの肋骨《ろっこつ》が短くなり頭が自由に動くようになります。哺乳類で腰の部分の肋骨が短くなったことがわかります。こうしてみると、ほんの少しの変化が、形やはたらきの大きな変化につ

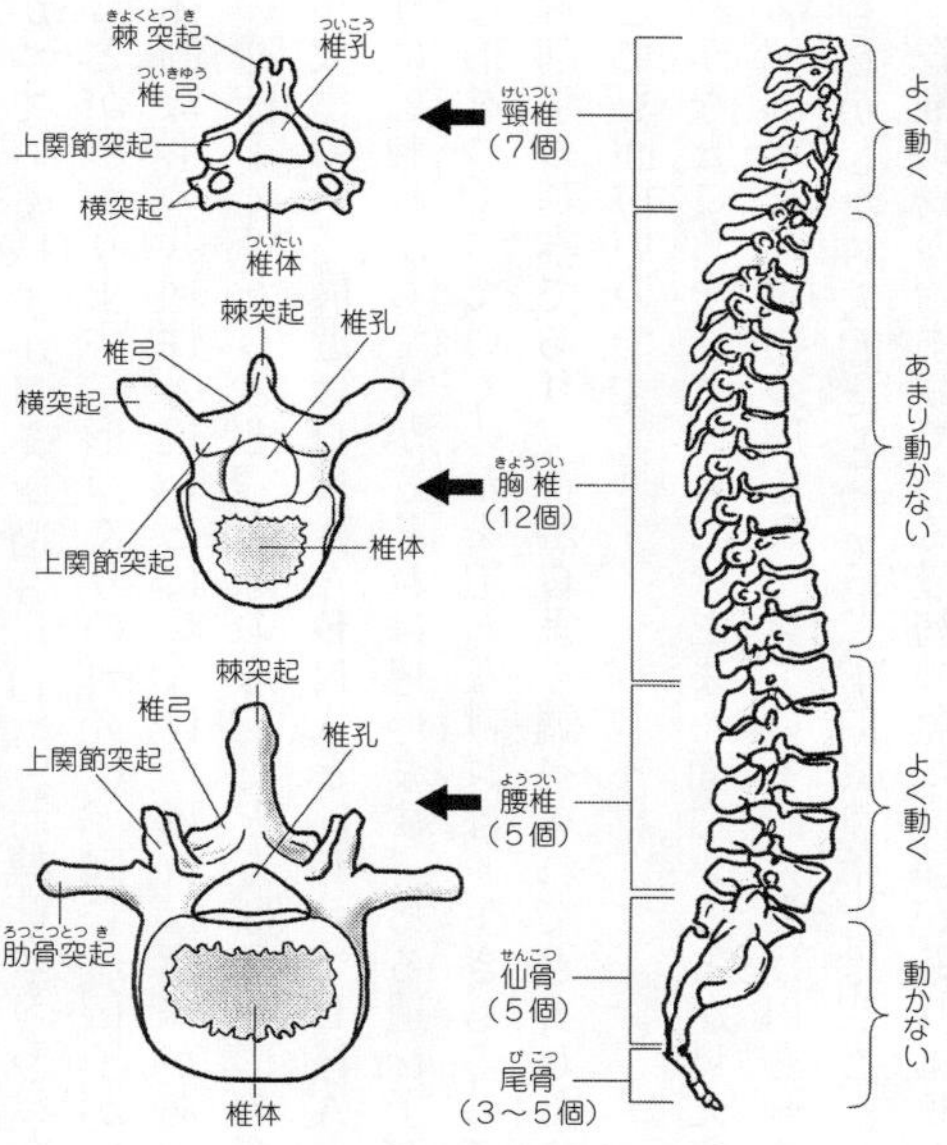

図8―12　人間の脊椎と各椎骨の構造（坂井建雄『人体は進化を語る』ニュートンプレスより）

ながっていく様子が見え（図8―13）、共通性をもちながらうまく多様性を出していくことがわかります。形づくりの研究は、同じ遺伝子がはたらいているという発見を具体的な形の共通性と違いとにつなげなければ意味がありません。それには、形づくりの遺伝子のはたらきと、実際の形、たとえば骨の形の変化との両方を追っていくことが大事です。最近はＤＮＡ、ＤＮＡといわれ、ＤＮＡさえ調べればなんでもわかるように思われがちですが、それは違います。ある遺伝子が、いつどこではたらいてどんな形をつくっていくのかを追わなければ、生きもののことはわかりません。骨の形は解剖学の基本であり、昔からよく調べられてきましたので、それを新しい目で見るととても面白いのです。

細かなところを見ていくとまたまた面白いことが見えてきます。形態学、発生生物学、解剖学など生物の形をよく見ている研究者は口を揃えて、一番面白いのは、そしてもしかしたら人間にとって最も大切な変化は顎ができたことではないかといいます。脊椎動物の始まりである最初の魚には顎がありませんでした。エラで水をこし、そこにあるプランクトンなどを食べていたのです。無顎類です。そこに顎ができて有顎類となります。昔、生物の分類でこれを聞いた時は顎に深い意味があるなどとは教えられず、無顎類、有顎類と覚えさせられたので、ちっとも面白くありませんでし

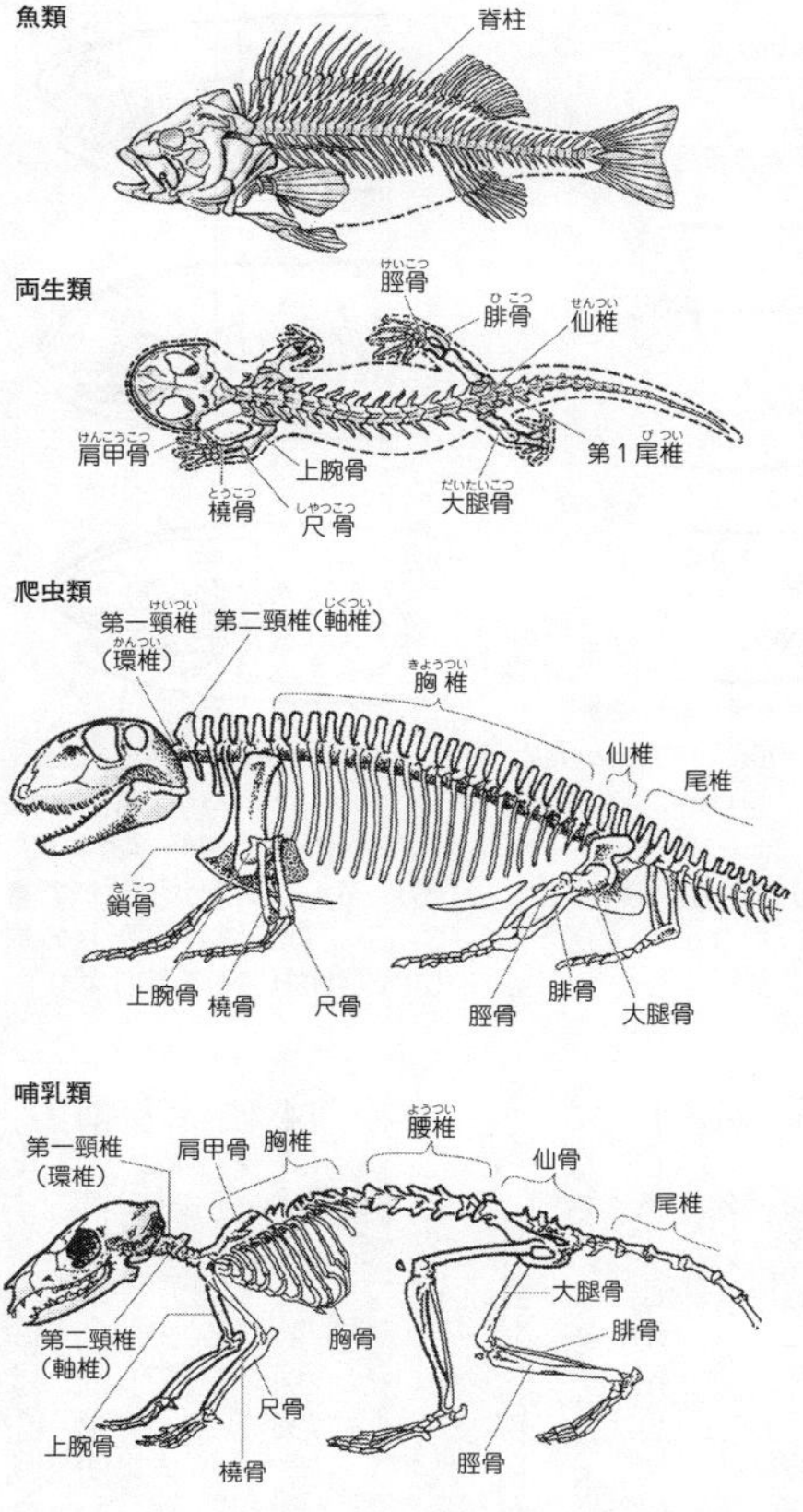

図8—13　脊椎動物の骨格の比較（坂井建雄『人体は進化を語る』ニュートンプレスより）

た。研究者になって外国の教科書を読み、顎ができて初めて動物は自分で餌をとれるようになり、積極的に生きることになったのだと書いてあるのを見て、なるほどと感心し、これを教えてくれれば、生物学がもっと好きになったのにと思ったものです。

ところで、最近になって顎はもっと面白いと教えられました。顎は、エラから変化

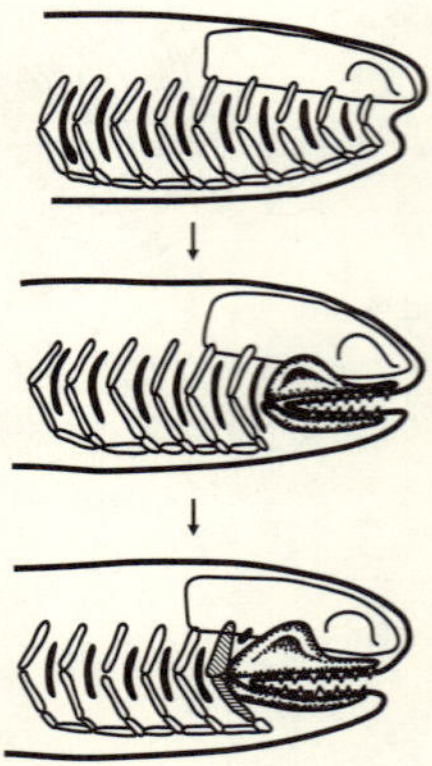

(A. S. Romer, Vertebrate Paleontology, 3rd ed., Univ. Chicago Press〈1974〉より改変)

図8—14　エラから顎ができてくる（倉谷滋『かたちの進化の設計図』岩波書店より）

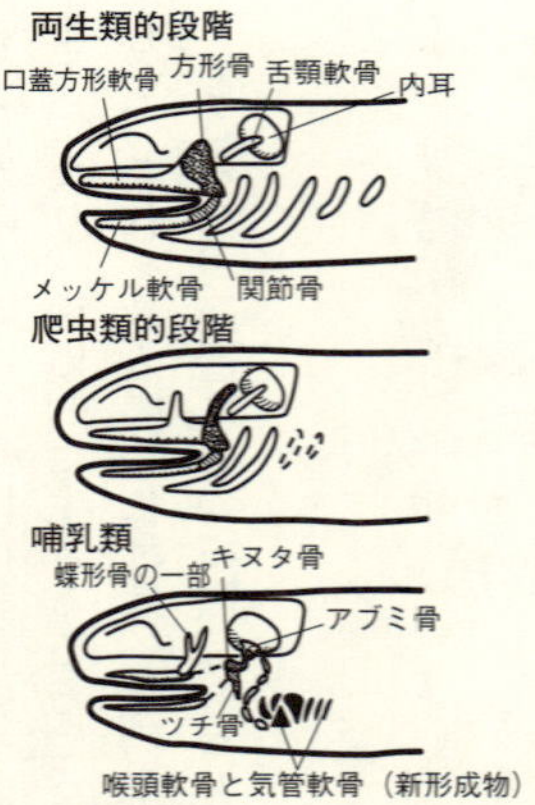

(H. M. Smith, Evolution of Chordates Structure, Holt, Rinehart and Winston〈1960〉より改変)

図8—15　顎の関節が中耳に変化していく（倉谷滋『かたちの進化の設計図』岩波書店より）

します。詳細は面倒な骨の名前、神経の名前を使わないと語れませんので、大雑把なところだけにしますが、図8—14は顎がエラからできてきた模式図です。そして顎の関節がだんだん音を伝える役割をもち、哺乳類ではこれが中耳になるのです（図8—15）。しかも、この付近にはたくさんの神経が走っていますから、顔や頭（脳）ができていきます。感覚として脳で処理される最も基本的なものは音とされています。人間の言葉ももちろんまず音です。そのための耳は、こうして顎からできていったのです。

ここでリチャード・オーウェンの描いた脊椎動物の原型を見ると面白い（図8―16）。これは頭で考えたものですし、原型の動物がいるわけではありません。ただ、肋骨がズラッと並んでいる脊椎動物が、それをうまく変えてエラへ、そして顎や耳へと鋳掛け屋仕事をしていく様子をうまく表現しています。

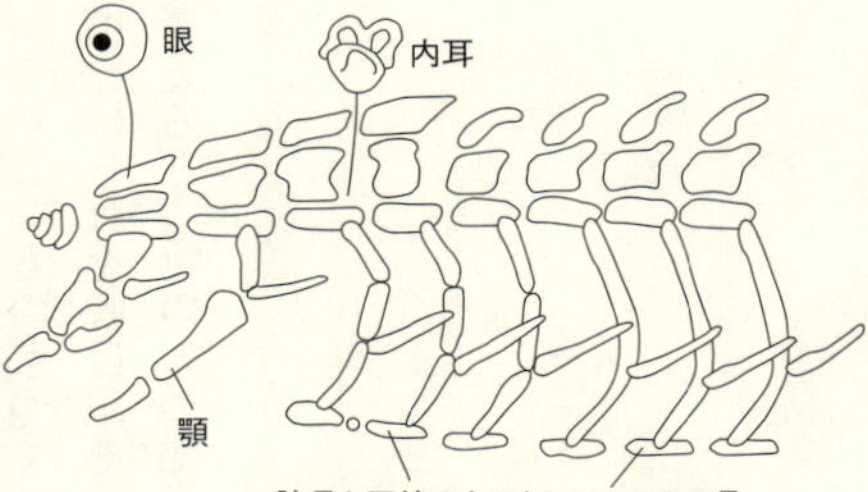

(Jollie, Am. Zool., 17, 323〈1977〉より改変)

図8―16　オーウェンによる脊椎動物の「原型」
（倉谷滋『かたちの進化の設計図』岩波書店より）

私は、生物が鋳掛け屋だということがとても気に入っています。なんとかやりくりしていくところがなんとも楽しい。決して前の存在を否定したり、徹底的に壊したりせずにきたので、生きものは皆仲間となっているわけです（だから面倒なのだと思う方もあるかもしれませんが）。ここでまた現代の人間社会を見ると、このような柔軟性を欠いているように見えます。新しいものが古いものを追い出していきます。生物は工夫してきた記録をゲノムに残しており、過去の知恵を生かしながら新しいものをつくり出している。そこにはそれゆえの制約もあるわけで、人工の世界はそれを脱け出そうとしたのでしょう。しかし、人間が生きものだということを考えると生物のもつ知恵にもっと目を向ければよいのにと思います。

第９章　ヒトから人間へ――心を考える

長い生命の歴史の中で「私」はどこから来たどういう存在なのかを考えるのがこの本の狙いですが、これまでのところでバクテリアとも同じというところから始まり、唯一無二のゲノムをもつ個体を産み出す自己創出系としての多細胞生物までたどりつきました。多細胞生物はまた、免疫系を通して他を排除し自己を確立していますし、神経系で外からの情報に対応した反応をしながら自己を創っていきます。

こうして、私の中には、何層も何層ものかさなりがあり、どの層もそれぞれ「私」にとって大切な意味をもっていることがわかりました。

ここでいよいよヒトという生物について考えなければなりません。他ならぬ私はヒトという生きものなのですから。生命誌は出発点を共通性に置きます。地球上のあらゆる生物は、共通の祖先をもつ仲間だというところが基本です。これは、思想としても、環境問題への対処などの実生活上でも重要なことです。人間だけを特別な存在と見るのでなく、他の生物に具合の悪い環境はヒトにも、そして私にも具合が悪いという素直な考え方です。

しかし一方、やはり私たちは、ヒトの特徴はなにかを知りたいと思いますし、またそれを知らなければ、人間を知り、人間の生き方を探ることはできません。人間となると、最も興味深いのは脳のはたらきであり、更にはそれとつながる心の問題です。生命科学でも、脳研究は重視され、脳の構造や機能の研究が盛んに行われています。とくに、記憶、学習、意識などの高次機能を是非知りたいという気持ちが強い。ここにこそ人間らしさが潜《ひそ》んでいると思うからです。けれども、脳、しかもその高次機能だけに注目すると、生命誌が重視している他の生きものとのつながりが見えにくくなります。そこで、ヒトが特徴ある脳をもつに到った経緯を、二つの面から見ようと思います。一つは、霊長類の中で、ヒトが他の仲間と違う存在になってきた過程を見ること、もう一つは、脳が生命の歴史の中で、いつ頃どんな風にできてきたのかという経緯を追うことです。こうして、脳だけを特別扱いせずに、体の一部としての脳、他と関連した脳という位置づけをしてから、人間の特徴を考えたいのです。

二足歩行から始まったヒト

霊長類の中でヒトと最も近いのがチンパンジー、分子系統樹で見ると四五〇万年ほ

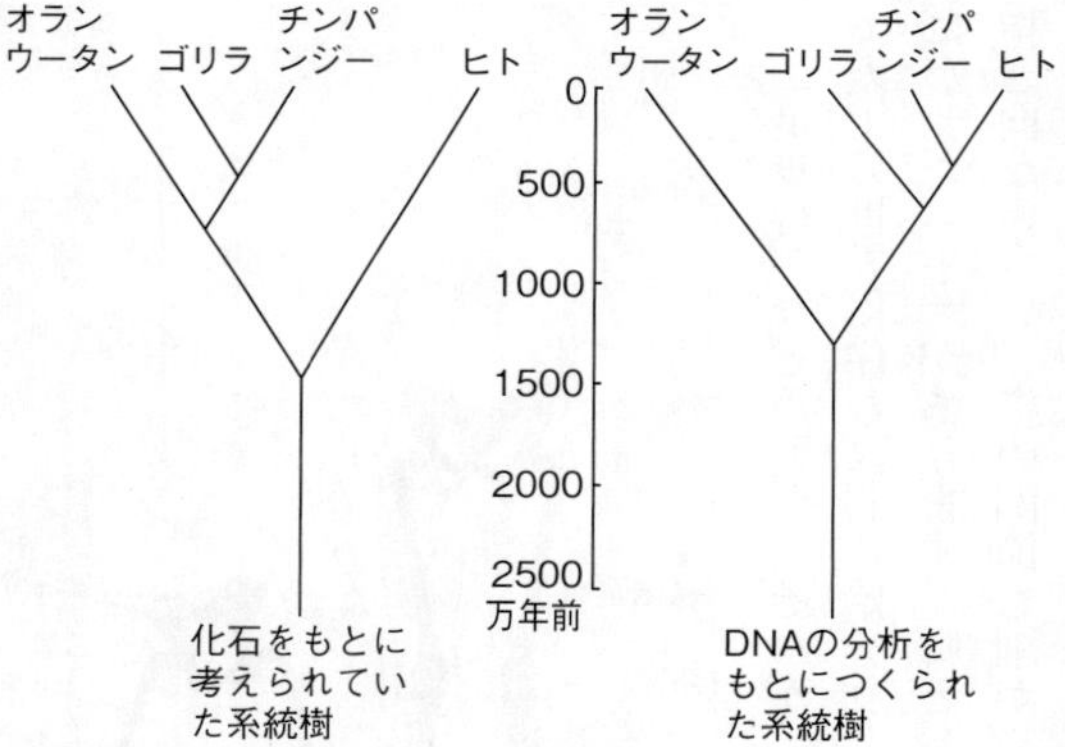

図9—1　DNAから見た霊長類の類縁（長谷川政美『DNAに刻まれたヒトの歴史』岩波書店より）

ど前に分かれたことがわかります（図9—1）。DNA分析、化石、地質学などを総動員すると、アフリカの東にある大地溝帯が八〇〇万年ほど前に生じることによって、その東側と西側の気候が大きく変わり、東側はサバンナ、西側は森林のまま残り、サバンナに出て行くことになった仲間がヒト化への道を歩いたのだろうという物語ができます。サバンナで起きた最初の変化が直立二足歩行だったろう、今ではヒト化への道の始まりはここにあるという考え方が強くなっています（図9—2）。最初の挑戦をした仲間、アウストラロピテクスについては、三五〇万年前の若いメスが、これまでになく完全な（というより最も不完全でな

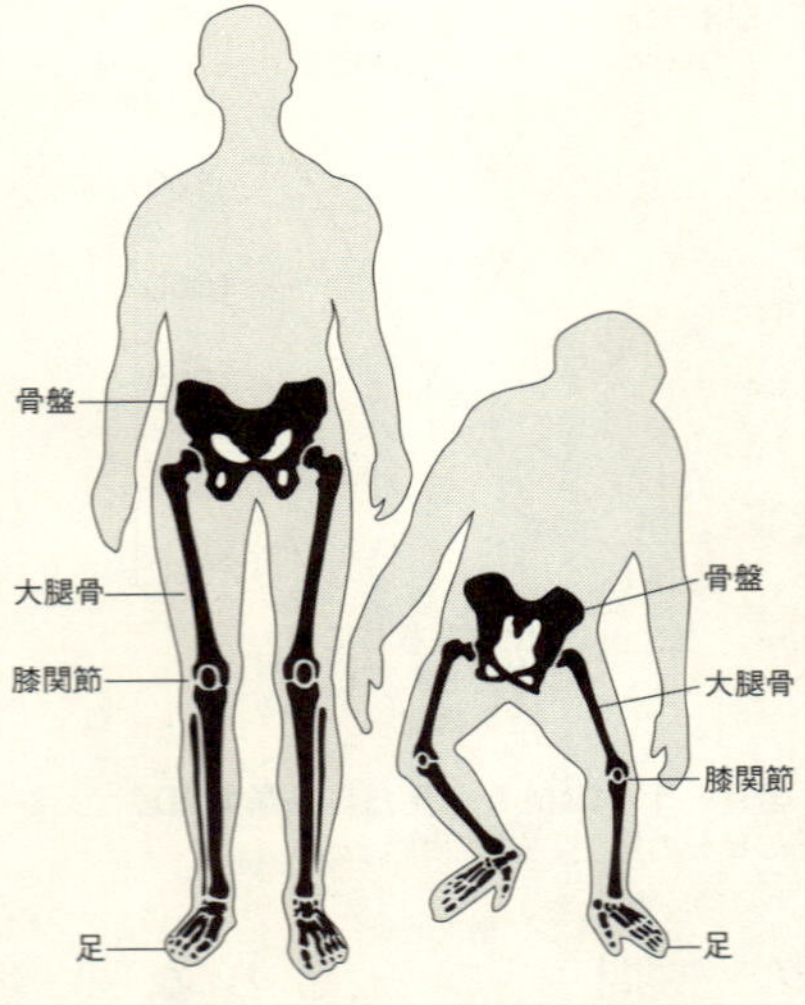

図9―2　ヒトとチンパンジーの下肢

い）化石として発見され、それは二足歩行をしていたとされます（図9―3）。ルーシーと名づけられたこのメスは、二〇歳ほどで亡くなったらしいのですが、腰の骨を調べると、どうも腰痛があったようで、御苦労さまといいたくなります。これは私たちの直接の祖先ではありませんが、とにかく二足歩行への道は始まりました。

二足歩行がなぜ重要か。それが、今私たちが文化をもち、ついには科学技術によって人工の世界に住むに到る始まりだからです。人間の特徴には、二足歩行の結果自由になった「手」があります。脚としての役割から解放された手は、親指が他の四本の指と向かい合い、指の関節も細かく動くようになり、いわゆる「器用な手」になったのです。頭がしっかりした脊柱の上に載ったので脳が大きくなれた（その中で大脳が大きくなり、その中でも前頭葉が発達した）ことも大事です。もう一つは喉の構造。鼻だけでなく喉でも空気の出し入れができる構造になったために、空気を吐くことができ、そこで複雑な音声が出せ、言葉が話せるようになったわけです。喉がものの飲み込み専用でなく息を吐くところにもなったために、お餅で喉をつまらせるなどという困ったことも出てきたわけですが、言葉の恩恵には代えられません。また、視覚が重要な感覚になり、顔の前に二つ並んで立体視のできる眼で、空間をしっかり認知していきます。しかも、幸いその眼は、色を見ることができるので、一つ一つの物の区別もよくできます（図9—4、9—5）。

　ちょっと横道にそれますが、私はヒトになって、色がなんとうまく戻ってきたものかと感心し、感謝します。実は、脊椎動物が誕生する前に、眼で光を感じる役割をする視物質の遺伝子も多様化しました（〝も〟というのは、前にも述べたようにここでゲノムの重複が二回も起こり、さまざまな遺伝子が多様化した

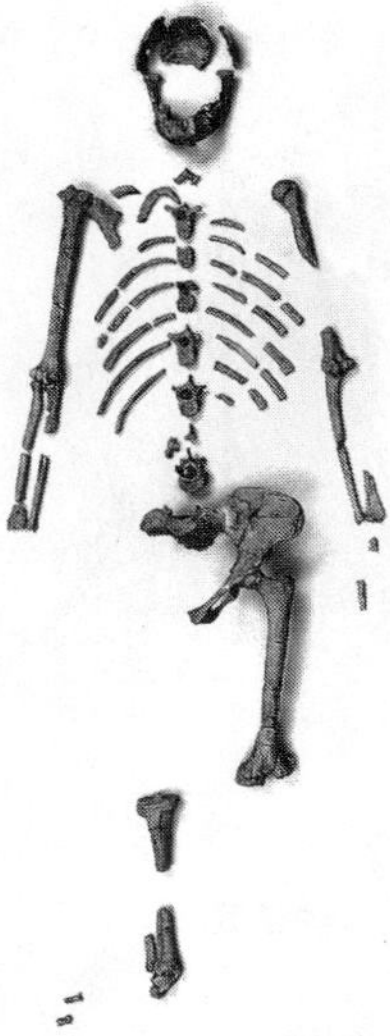

図9—3　ルーシーの部分骨格（レプリカ、国立科学博物館蔵）

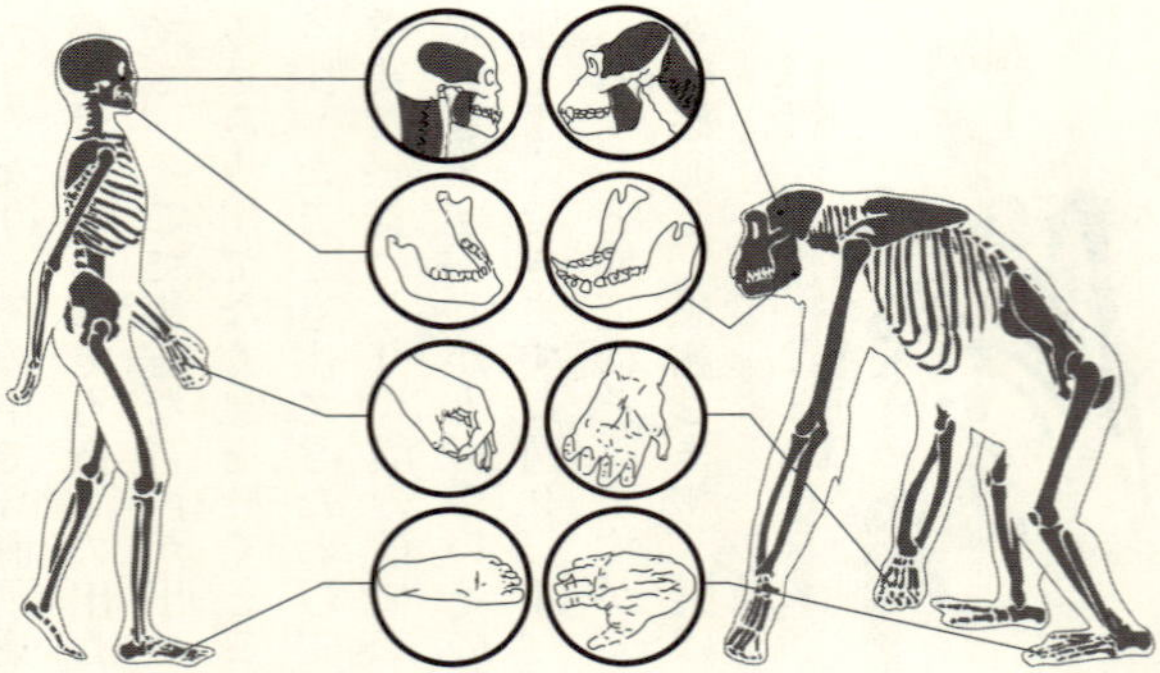

図9—4　ヒトとチンパンジーの比較

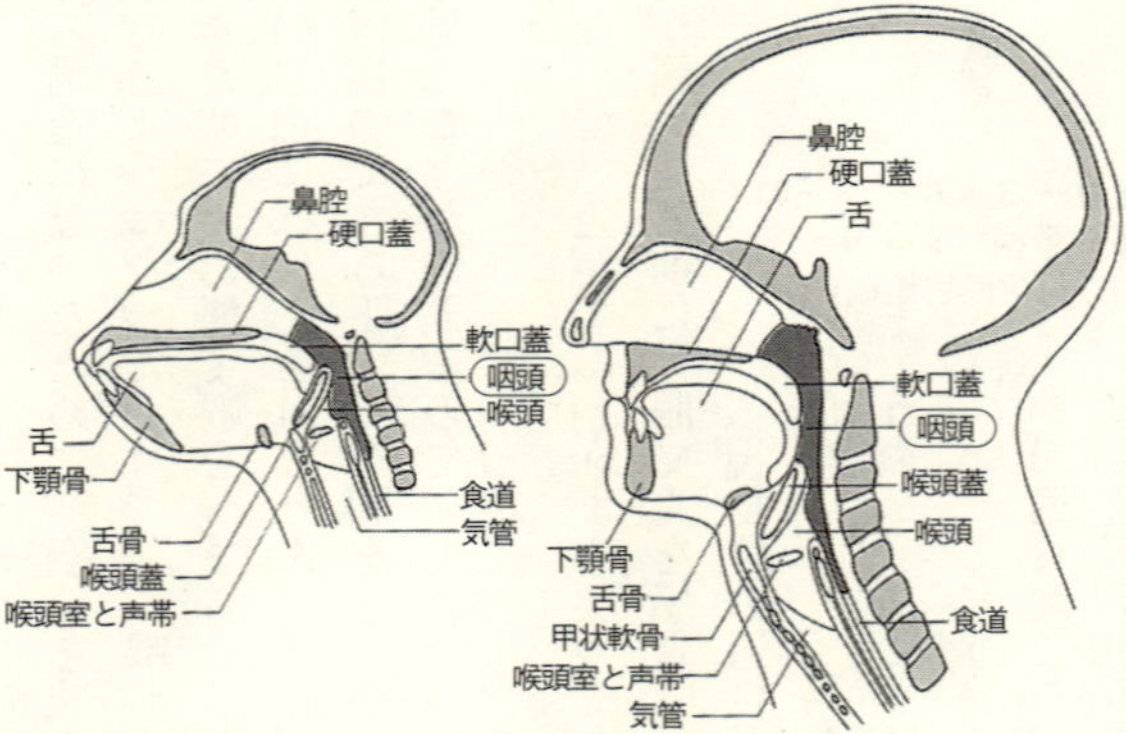

図9—5　ヒトとチンパンジーの喉の構造

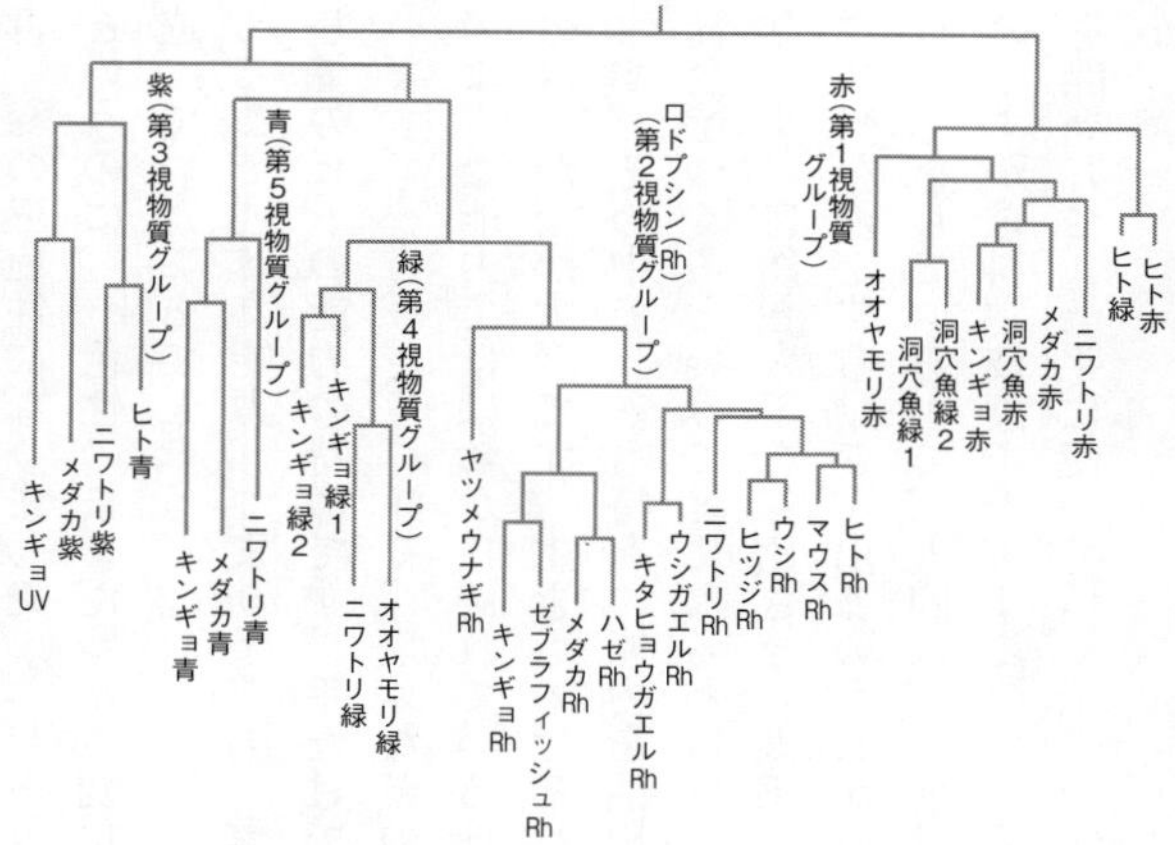

図9—6　視物質遺伝子の分子系統樹（「生命誌」12号、徳永史生による）

からです）（図9—6）。赤（波長の長い光）を感じる視物質を作る遺伝子がまず分岐し、次いで短波長の紫、更に青、緑用の遺伝子が分かれ、最後に弱い光を感じる視物質ロドプシン遺伝子が分かれました。カラフルな世界が見えるだけの準備は整ったわけです。ところが、哺乳類が現れた後、その中で緑と紫の視物質遺伝子を失って赤と青の二色性になってしまいます。夜行性だったので、色を見る必要がなく不要なものは消えてしまったのでしょうか。現存の夜行性のサルの仲間には一色性のものもいます。しかし幸い、ニホンザル、類人猿、そしてヒトも赤、青、緑の三色性になりました。ニワトリやキンギョは四色のみごとな世界を見ているというのに、一色性のままだったら変化のない世の中で芸術のあり方などもずいぶん違っていたことでしょう。

ここで述べた能力、つまり手、脳、言葉、視覚が総合化されたものが、生きものとしてのヒトの能力の特徴です。手だけでもなく、脳だけでもない、すべてが連動しています。一方、走る、泳ぐ、飛ぶなどの能力を見ると、大したことはありません。このような能力ではるかに優れている他の生きものがいるサバンナや森で生きていくのはなかなか大変です。生きものはそれぞれもてる能力を生かして懸命に暮らしています。その中でヒトも特有の能力を活用するほかありません。それが、技術をもち、社会をつくるということになるわけで、現代科学技術社会は、まさにその延長上にあります。自然と人工を対比させ、人工があまりにも多くの問題を抱えているので、科学技術を否定する動きが出るのもわかりますが、数ある生物が、それぞれ特徴ある暮らし方をしている中で、人間は、お前は技術を使って上手に暮らせよといわれているのですから科学技術を否定するのでなく、生物をよく知り、生物界と矛盾しない技術を開発して、上手に使っていく工夫をするのがヒトとしての生き方ではないでしょうか。

脳とはなにか

ヒトの特徴はこれまで述べてきたさまざまなところに見られるのでそれを総合的に見ていかなければなりませんが、なんといっても興味深いのは脳なので、それを中心に考えていきます。ところで、現在の脳研究の多くは構造と機能、とくに意識などの高次機能に集中していますが、生命誌では、次の四点に関心があります。

第一は、生物の歴史（進化）の中で脳はどのように生まれてきたかを追うことです。第二は発生を見ること。ヒトの脳の発生を見ると、歴史の中で脳が誕生してきた様子がわかってきます。こうして脳における共通性と多様性を調べられるわけです。第三は、脳の中でどのような反応が起きているかを見ることです。脳も細胞でできており、その中の物質のはたらきで動いているのですから。第四は脳のコラム構造です。脳にはコラムという単位がありこれが組み合わさって複雑化すると考えられています。ちょうどゲノムが複雑化してきた姿とかさなり、なにかあるに違いないと思わせます。このような見方をするには、積極的な意味があります。脳の高次機能だけを見ていると、脳と身体とが別のものに見えてきます。とくに体全体を動かす情報系としてのゲノム（ＤＮＡ）に対して、そこからはある程度自由な脳の情報系（身体の外にさまざまな装置、つまり人工の世界をつくっていくわけですから）が独立に存在するという形で、脳と身体が関係づけられます。そこで私も以前はこのような見方を提案していました。脳情報と遺伝子情報の闘いが環境問題として表面化しているのではないかと考えたのです。確かにそういう面はありますが、脳とゲノムを対立させたり、自然と人工を乖離させたりせずに体の一部として生まれてきた脳とはなにかというところから考えると脳がうまく位置づけられるのではないかと思うようになってきました。その延長上で本当に私たちにとって望ましい社会――もちろんそれは他の生きものにとっても望ましいということを含めて――を考えるのが建設的だと思うからです。

外に反応し外にはたらきかける

残念ながら先にあげた四つの見方を詳細に扱う余裕はありませんので、生物の歴史の中での脳の位置づけを大雑把に追います。

生物の特徴は、内と外があることです。ここは自分のテリトリーだぞということをいつも主張しています。細胞一個でも、また細胞が集まった組織でもそうなので、心臓と肺が混じり合うなどということはありません。もちろん個体でも個体の集団でも常に自己があります。少し大げさな言葉を使うならアイデンティティーでしょうか。がん細胞は、生きているということを考えるうえで興味深い存在であり、生と死のところでもその特徴をあげましたが、ここでの見方ではアイデンティティーを失っていることになります。肺や腸で生じたがん細胞は本来肺細胞、腸細胞ですが、困ったことに時に他の組織へ移動してそこでふえてしまう転移をし、これほど厄介なものはありません。自分は肺の細胞なのだというアイデンティティーがないからです。

とにかく私は私ですとして内と外とをしっかり区別するのが基本ですが、そのうえで常に外に反応し外にはたらきかけるという状態にないと生きているとはいえません。ゾウリムシは（ゾウリムシでさえといいたいのですが、生命誌を研究しているとゾウリムシの能力に敬服せざるを得ないのでそうはいいません）エサに近づき、有害物質（実験では酸などを入れる）があるとそれを避けます。藻の一つである鞭毛藻は光合成をしますので当然光受容部位があり、その附近に光を反射したり遮蔽したりする眼点と呼ばれる構造をもっています。色素顆粒なのですが、いくつかの藻を観察すると、パラボラアンテナのような形に並んだり、更にはレンズで光を集める、まさに眼のような構造のものまで見られます（図９―７）。どうしてこんな構造ができたのかよくわかりませんが、ダーウィンが進化を考える時に、眼のような構造がどのよう

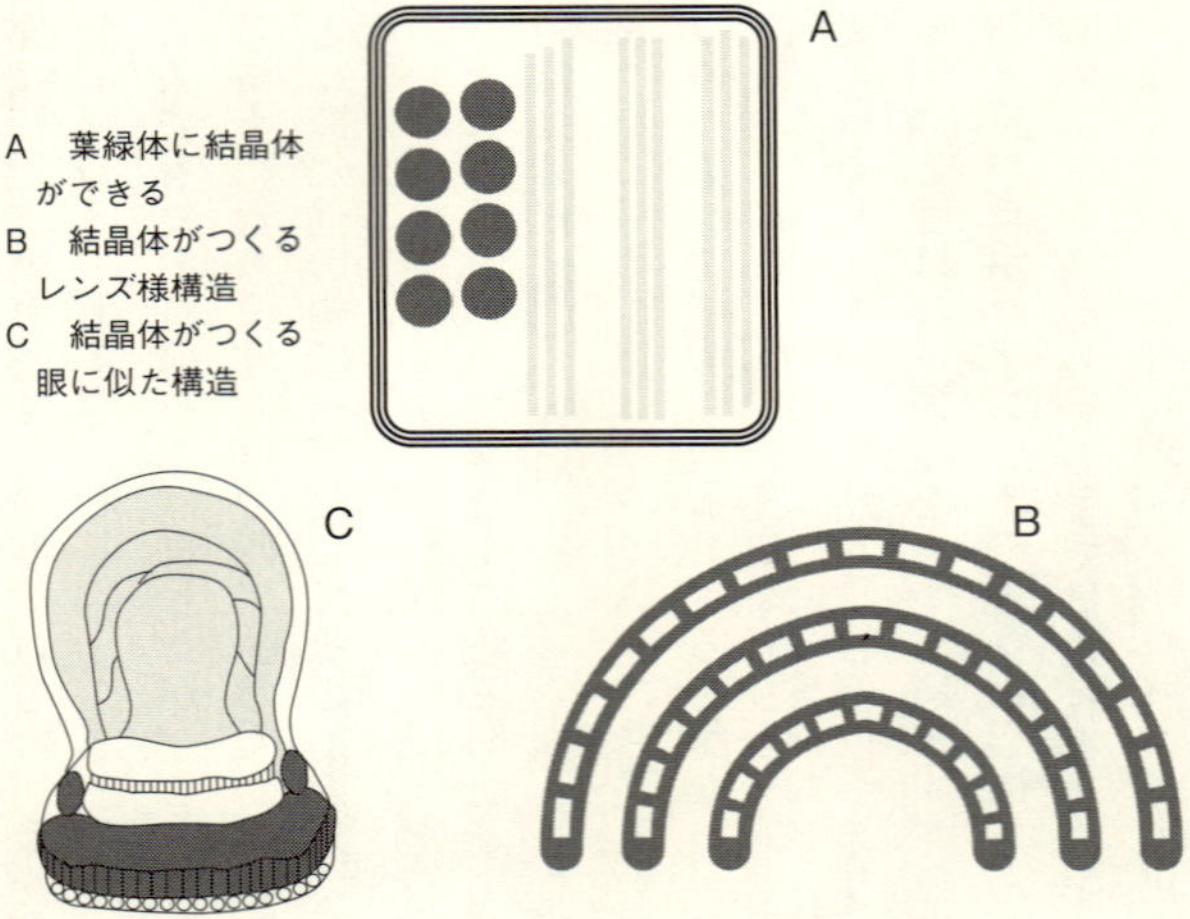

A　葉緑体に結晶体ができる
B　結晶体がつくるレンズ様構造
C　結晶体がつくる眼に似た構造

図9—7　藻の眼点　黒の濃い部分が眼点の結晶体（「生命誌」20号、堀口健雄による）

にしてできるかわからないと悩んだ話を思い出し、生物は思いがけないところで思いがけないことをやってのけるものだと感心します（感心しているだけでなく、ここを解きたいのですが）。また、私たちの眼にある視物質の一つであるロドプシンは、すでに細菌の段階から存在し、光のエネルギーを化学エネルギーに変えるはたらきをしています。視覚という私たちにとって重要な情報処理にあずかっている分子は、そのためにつくり出されたものではなく、細菌が光に反応して生きる基本物質として使っていたものなのです。あり合わせを使う鋳掛け屋精神はここでも健在です。

多細胞生物になると、ある細胞が外から受けとった情報を個体全体として処理する必要があり、そのために神経系が登場することは、ヒドラで見ました。神経細胞の軸索を通してすばやく情報を送り、最後のところは化学物質に変えるという方法はヒトでも同じです。使われる物質の種類が二〇〇ほどにふえてはいますが。

脳の誕生

ヒドラでも神経系はありますが、神経細胞が全身に分散しています。それが一ヵ所に集まった中枢としての脳はありません。これが登場したのはいつか。すでに脳をもっている生物で発生の様子を追うと、まず神経管という構造ができ、その前方が膨れて脳ができていくのがわかります（二〇五頁、図9―10）。最前方部が大脳、やや後が小脳、それに隠れたように存在する脳幹。神経管が脳の出発点だとすると、これがいつ登場したかに興味が向きます。すると、思いがけないことに、ホヤが浮かび上がってきます（夏に北国を旅すると、旅館で出てくるホヤです）。およそ六億年前に地球上に現れた原索《げんさく》動物であり、成体になると海底の岩について動かないので脳がある

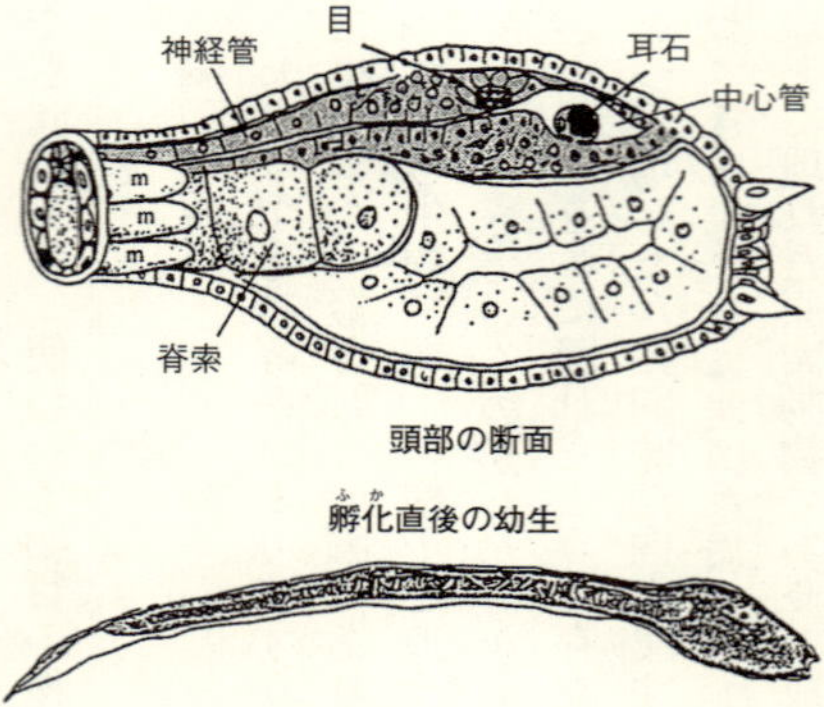

図9―8　ホヤの幼生と頭部の構造

とは思えないのですが、卵から生まれたばかりの幼生は、オタマジャクシと似た姿で尾を振って泳ぎます（図9―8）。神経管は外胚葉由来の上皮細胞のシートが円筒形に巻いたものであり（一七五頁、図8―8）、この細胞が各部分でそれぞれ独自の増殖と分化（神経細胞やグリア細胞など）をして、増殖の盛んな場所が脳になっていきます。このメカニズムは、ヒト、トリ、ホヤでそれぞれ脳ができ上がっていく様子を追うとすべてに共通であり、ホヤですでに脳形成の基本はできているといってよいことがわかります。幼生には、平衡器官である耳石（細胞一個）と網膜細胞（二個）があり、上下感覚と光の方向を脳に伝えています。そこで水深五〇メートルもの海底から海面の方へ泳いでいくわけです。最近は、プラナリアでも、頭部に神経細胞の集まった個所があり、そこで脳に特有の遺伝子がはたらいているという報告が出されています。集中的な情報処理は、意外に早くから行われてきたらしいのです。私たちは脳というと、いわゆる高等生物に特有のものとしてきましたが、多細胞化すればどこかでまとめた情報処理をする方が全体として望ましいということなのでしょう。

ところで、ホヤの幼生の神経管では神経体節が一つですが、その後の進化の過程で神経体節が重複し、神経管が長くなり、神経管の各部で細胞がそれぞれ特有の増殖、分化をし、構造が複雑化していきました。遺伝子でも、複雑化の基本は重複だったことを思い出します。既存のものを重複でふやし、その一部を変化させて新しい機能を獲得していくという方法が生物の基本のようです。

今も初期の脳をそのままに残していると考えられるのが、脊椎動物につながる生物として知られるナメクジウオです。体づくりにはたらくホメオボックス遺伝子のうち、脳に関連するHOX3という遺伝子のはたらきをナメクジウオと脊椎動物（マウス）とで比べた結果、ナメクジウオの脳胞（脳にあたるところ）に脊椎動物の中脳にあたる構造があることがわかりました。脳といえども体の一部ですから、体全体の秩序を決める遺伝子のはたらきでつくられているのは当然で、しかもそのはたらきは保存されているのです。神経体節が重複すると各部分が自由な大きさをとれるので、魚類、鳥類、哺乳類のように動きまわることが大事な仲間で運動を司る小脳が発達する

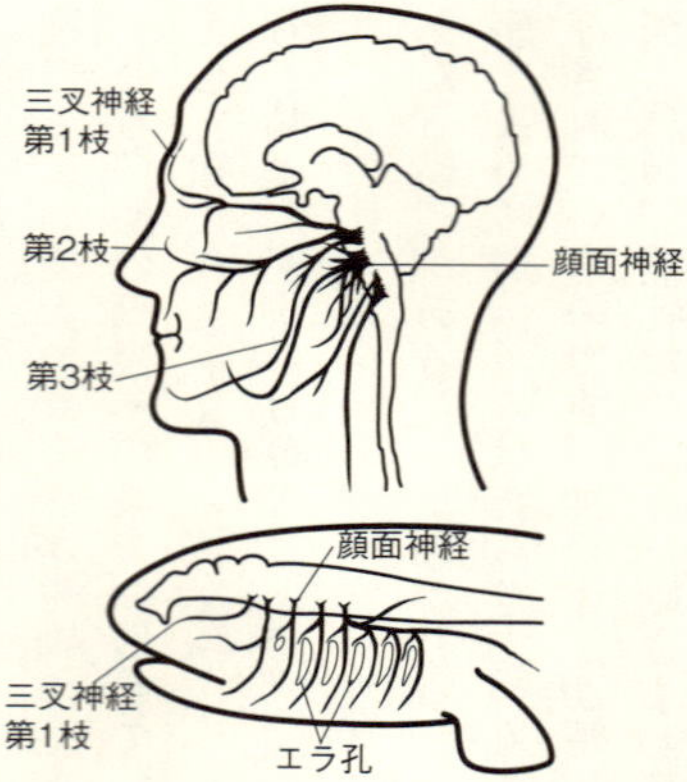

図9—9　ヒトとサカナの神経（倉谷滋『かたちの進化の設計図』岩波書店より）

という特徴が出ましたし、ヒトに到って大脳が巨大になったのです。

神経管の各所がふくらんで神経細胞の塊である脳ができるわけですが、そこにどのような神経が集まっているのかが問題になります。人間の顔に備わっている神経を見ると、生物の歴史の中で脳がどのようにして生まれ、脳はなんのためにあるのかが見えてきます（図9—9）。脳から出ている神経は一二本（脊椎動物に共通）、三群に分けられます。一群は、嗅神経、視神経、内耳神経ですべて頭にある感覚器官の神経です。第二は、三叉《さんさ》神経、顔面神経、舌咽《ぜついん》神経、迷走神経とその副神経で、これは魚のエラから進化してきたものです。第三は、脊髄神経。

こうしてみると、脊椎動物の前の方がふくらんで頭ができてきた意味がよくわかります（図9—10）。一つは、嗅覚、聴覚、視覚（鼻と耳と眼）という三つの重要な感覚器官を体の前の方に集め外から入ってくる情報をできるだけ素早く、また正確に処理しそれを体の各所に伝え、的確な対応をするということです。脳の大切な作業はこの情報処理です。もう一つは、前にも述べましたが、魚類のエラから始まって顎ができ、顔ができてきた形づくりの歴史を踏まえたもので、積極的に食物をとるところから始まる生きるための基本構造です。第三群の神経は、脊髄神経の延長にあたり、骨格と筋肉から成る体壁（内臓を包んでいる）を支配しています。こうしてみると頭は、体の延長として、体全体が巧みに外部に反応し、積極的に行動する方向へと進化してきた結果、体の一部として生まれたものだということがよくわかります。脳というとどうしても人間の大脳新皮質に注目が集まり、思考、記憶などの高次機能こそ脳の特徴だとされます。けれども脳という臓器は、体全体を巧みにはたらかせるために生じてきたものであ

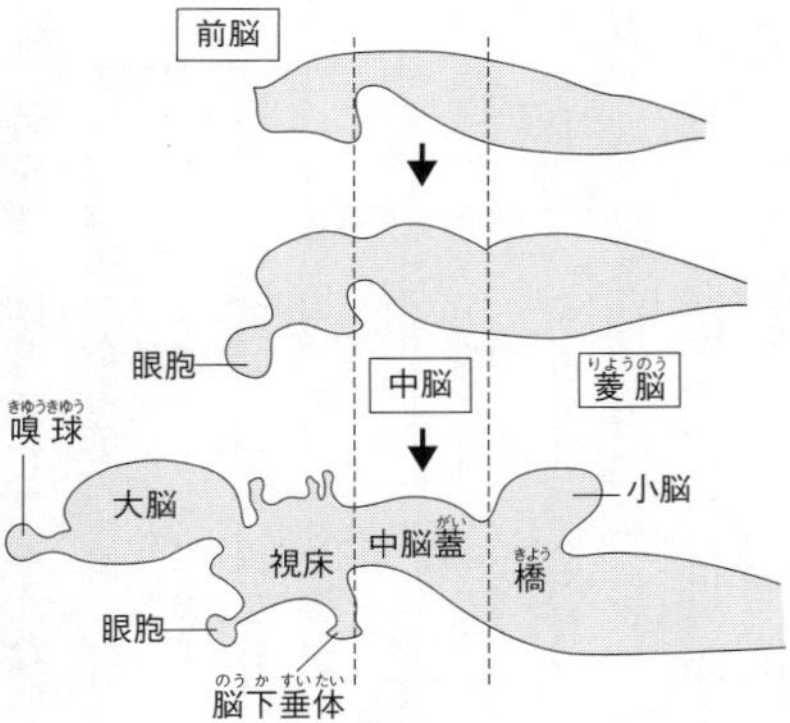

図9—10　脳の発達（坂井建雄『人体は進化を語る』ニュートンプレスより）

り、脳を体と切り離して考えないというのが生命誌の視点です。

エラには第一から第六までありますから、転用してできた器官（鰓《えら》器官）はたくさんあり、顔のほとんどがそこからできました。なんと都合よく魚類の時代にたくさんのエラをつくっておいてくれたものかと思い、ちょっとエラを見る目が変わりました。

中枢神経は末梢神経によって育てられる

神経系のあり様を知るには、これまでのように、進化の中で生じてきた脳の様子を知る以外に、発生を追う方法があります。進化と発生が深く関わり合っているという点では、脳・神経も同じです。脳については、ヒトでの観察が詳細に行われています。ヒトは受精後二八〇日の間に進化の歴史をたどるのですが、二二日目に神経管（ホヤにあった脳の始まり）が生じ、脳ができ始めます。四九日目になると前脳、中脳、菱脳《りょうのう》（後の小脳）、延髄《えんずい》ができ、神経細胞をつくり始め、五〇日目には前脳がふくらんで大脳が大きくなり始めます。こうして二ヵ月目までに基本ができ、後はそれぞれが大きくなっていくわけです。出生までに神経細胞はでき上がってしまい、その後も確かに数はふえますが、大事なのは神経細胞間の配線です。脳構造の基本は、遺伝的に決まっていますが、配線は誕生後に外から入った刺激によってできていきます。赤ちゃんが、一ヵ月ほどすると眼でものを追うようになり、二ヵ月になると手もそちらへ動くようになるのは日常よく見るところです。その頃の赤ちゃんが、自分の握りこぶしを上にあげてじっと眺めているのは可愛いものですが、こうして視覚と運動とが統合されて初めて日常の行動ができるようになっていくわけです。このような脳の形成の背後にどのようなゲノムのはたらきがあるのかを知りたいのですが、まだそのデータは少なくて、物語まではできないのが実情です。けれどもゲノム解析も進み、脳で働く遺伝子の研究も進行中ですので、そう遠くない将来に脳がどのようにできるかわかってくるでしょう。

中枢神経は体全体を統合する人間の中心ですが、脳が生まれてくる過程を追っていくと、それは一方的に統合、命令するものではなく、感覚器官から入り末梢神経を通して入ってきた情報によってつくられていくという逆の関係も大事であることがわかります。脳は、感覚器官や末梢神経によって育てられるといっても過言ではないでしょう。私たちの脳の基本は、このような背景でつくられたものであり、現在も、この基本から逃れてはいません。

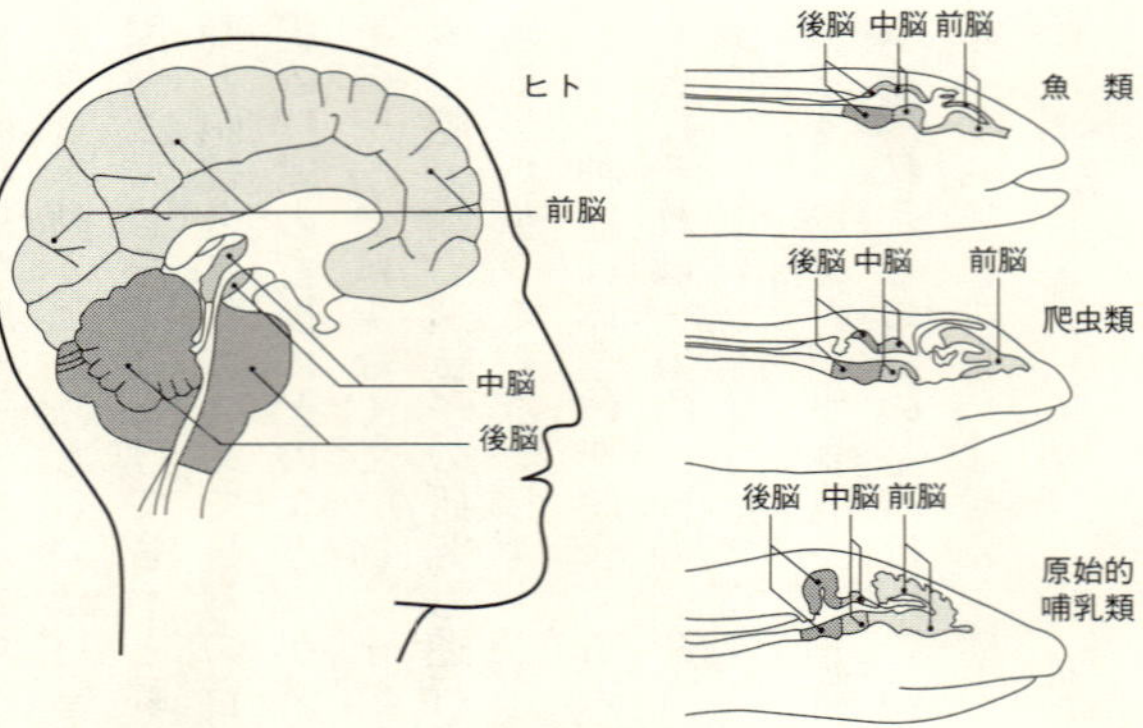

図９―11　さまざまな生きものの脳

哺乳類になっての脳の急成長

脳の進化を見ると、魚類、両生類、爬虫類までは、体重に対する脳重量がそれほど変わりません。動物によってどこが発達するかは環境との関係で決まりますからそれぞれ違いますが、総体としての脳は変わっていないのです（図９―11）。

それが大きく変わるのが哺乳類です。体重との比で脳が大きくなる。それは主として大脳半球の成長であり、爬虫類の脳には見られない新しい神経細胞が生まれてきます。新皮質の誕生です。旧皮質、古皮質と呼ばれる爬虫類時代から続いている皮質は嗅覚入力が主体であるのに対して、新皮質は視覚、聴覚、触覚、体感覚（筋肉や関節の知覚）を受け、しかも脳幹、延髄という脊椎動物のすべてに共通の部分のはたらきを支配する制御系をつくっていきます。哺乳類が進化してきた七〇〇〇万年ほどの間にこのような変化があったのですが、この間に他の生物で脳容積が増加したのは鳥類だけで、なかでもカラスは大きいと聞くと、そういえば街を我がもの顔で動きまわっているのは哺乳類、とくに人間とカラスだなどとおかしな納得のしかたをしてしまいます。

哺乳類の中でも霊長類がとくに大脳皮質を発達させ、その中でもヒトは特別です。ここまでくると、人類学、考古学、心理学など多くの学問の助けが必要になりますし、しかもまだ、それぞれの分野で明確な考え方が出ておらず、仮説を立てて考えているところです。学問としてはこのような状態にある時が最も面白いのでこれからが楽しみです。

ヒトでは大脳新皮質部分が格段に大きく、それが人間特有の高次機能につながっていることは確かです。ここで、大脳新皮質の細胞がふえるのは、神経細胞をつくる細胞が、分裂回数をふやすからだろうと考えてみます。藤田哲也先生はこれをコンピュータシミュレーションして、ヒトの大脳の細胞の分裂回数を二回減らすとマカク（ニホンザル、アカゲザルなど）、一〇回減らすとマウスと同じ大きさになることを示しています。もっとも細胞数がふえるだけでは意味がありません。独自の機能をもたなければならないわけで、これもまたヒトとチンパンジーやマカクとの比較があります。

機能を見るには、領野の種類と大きさを見る必要があります。領野は、大脳皮質を構造と機能によって区分したもので、ヒトの場合四八あり、たとえばその中の一七野は視覚の第一次中枢であり、霊長類の誕生以来ヒトまでほとんど変わっていません。一方、ブローカ野（運動性言語野）にあたる四四と四五領野、高次の言語処理に関わる四七領野や三七領野はヒトにはあるけれど、オランウータン、マカクには存在しないことがわかっています。また各領野で処理した情報を総合化する前頭連合野は、ヒトに最も近いチンパンジーでもヒトの三分の一ほどしかないことがわかっています。とくに近年、長期記憶の中から必要なものを引き出してきて一時ためておき、そこからいくつかの事柄を連関させて使っていくワーキングメモリーという機能が連合野の四六野にあることがわかり、ここもヒトで特段に発達していることが明らかになりました。これはほんの一部。こうして大脳の構造と機能を対応させた研究が進み、脳の全体像が見えてくるでしょう。

領野は、コラムと呼ばれる単位（細胞集団）をもっていることもわかってきており、領野が生まれたり、大きくなったりするのは、単位であるコラムが重複し、それが変化したり組み合わさったりするのだという考え方が出ています。これを聞くとまた思い出すのがゲノムです。最初の少しの遺伝子群が一部重複し、それが変化したり組み合わさったりして複雑化してきました。おそらく脳も同じだろうと思います。生物は鋳掛け屋という基本は脳にもあてはまるに違いありません。

心はどこにあるか

人間の脳だけをとりたてて特別なものと思わずに、生物の長い歴史の中に位置づけて見てきました。

その中でどうしても考えなければならないのは心の問題です。心は脳の機能である。生物や人間を研究している人の多くはこう考えており、脳という複雑な対象を研究するのも、そこに人間の本質を解く鍵があると考えているからでしょう。でも脳は、生物が地球上に誕生して以来試みてきた、ある環境の中でできるだけ上手に長く生き続けようとする試みの中から自ずと生まれてきたものであり、常に体の一部としてさまざまな選択をしてきました。脳は体と離れて体を支配しているものではなく、常に体からのメッセージを受け止めています。しかも体からのメッセージは、環境（外部の物質や光や他の生きものたち）からのメッセージを受けて出されたものです。このように脳・体・環境は一体化しているのです。

ヒトの脳は、なぜか二〇万年近く前の新人といわれる段階で急速に前頭葉を発達させましたが、それでも、ホヤから引き継いでいる古い脳はそのままです。決してそれを捨ててまったく新型の脳をつくり出したわけではありません。古い脳は、体の機能と密接につながっています（図9―12）。

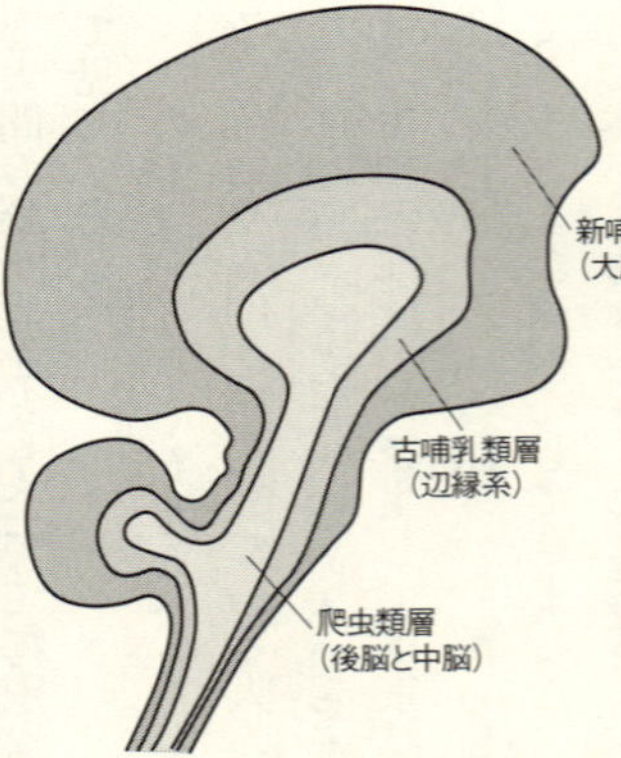

図9―12　脳の三層構造

ただ、人間の行動を見ていると、急速に発達した新しい部分と古い脳とがせめぎ合っており、自分の脳の中をきちんと整理できていないように見えますが。

こう考えると、心を脳の機能といいきることに抵抗が出てきます。脳もそれ以外の身体もすべて含めた私という存在の機能が心なのではないか。心は、自分自身にも、外にも向きます。他の人間、他の生きもの、いや生きもの以外のものにも向けられます。心は、そのような関係の中にあるような気がします。自分との間、犬との間、時には大事にしているお皿との間。お皿そのものに心があるとは思いませんが、自分とお皿との間には心があると思えるわけです。ヒトに特有の大脳皮質、しかもその中の前頭連合野に注目して高次の精神活動から心を考えていく脳研究に期待するところ大ですが、生きもの全体の中での脳のはたらきを考慮して心を考えていくやり方も悪くないと思います。その考え方が正しいか正しくないかはわかりませんが、私はこの考え方で進んでみようと思っています。

脳とゲノムの関係

生物の長い歴史の中にヒトを位置づけ脳を他の体の部分と関連づけて見ることによって、脳と心の一側面が見えてきました。ここで、ゲノムと脳について少し考えてみたいと思います。以前私は、ゲノムが出す情報、つまり生きものの長い長い歴史の中にあり、ヒトといえども決して特別でない部分と、脳の情報という二つの系統が私たちの体の中にあると感じていました。脳の方は言葉を用い、制度や学問などをもとにして人工の世界をつくっていくわけで、これは必ずしも生きものとしてのヒトが求めているものとは合致しません。環境問題などはまさにゲノムの情報と脳の情報の間の葛藤であるように見えました。生きものとしての人間にとって具合の悪いことを脳が勝手にやってしまうと。

しかし、ゲノムの研究を進めているうちに少し見方が変わってきています。ゲノムは決して単なる遺伝子の集まりではなく、ゲノムを単位として見なければ、生きものは見えてこないというのが生命誌の基本です。それはすなわち、DNAという分子ではなく、細胞や個体こそ生きものの基本だという見方です。細胞を細胞たらしめ、個体を個体たらしめる構造があり、それは、ゲノムのはたらき方の中に見えてくるだろうということです。ゲノムの中の遺伝子が、いつ、どこで、どのようにしてはたらいた結果、細胞が生き、個体が個体として存在するのかということを知ることによって、生きものに特有の構造が見えてくるだろうと思います。

一方、脳もそれと同じような構造をもっているはずで、その構造はかさなり合うのではないかと思います。人間が言葉を話し、芸術を創出し、科学や技術を産み出した過程に脳の機能がどのように関わり合っているのかを知って、そこから構造を探し出し、人間の本質に迫れないかと思います。これはまだ単なる予測、それも希望的予測にすぎませんが、ゲノムの中での遺伝子のはたらき方と言語の中での単語のはたらき方が同じような文法をもっているかもしれないと思い、ゲノムと脳を対立させずに全体を包みこむ基本を探したいと思っています。ホヤから続く枠の中にありながら、大きな可塑性を示すのが大脳、とくにヒトの脳特有の前頭葉のはたらきの可塑性に期待します。ゲノムも長い目で見ればかなり柔軟性があり、鋳掛け屋をしますが、個体の一生に関しては、それほどの幅はもちません。そこに大きな柔軟性を与えるのはやはり脳です。ブロノフスキーは「私たちはヒトとして生まれ人間になっていく」といっていますが、この過程こそ、生命誌の次のテーマです。脳研究から新しい素材が出てくるのが楽しみです。

第10章　生命誌を踏まえて未来を考える（1）
——クローンとゲノムを考える

ここまで、地球上の生物の四〇億年近い歴史を追い、生物界が現在のようになってくる中での人間を見てきました。ある時には行きあたりばったりに、ある時はしぶとく生き続けてきた八〇〇〇万種ともいわれる生きものの中に、最新参者としてのヒトを置いてみることで人間とはどのような存在かが少し見えたような気もしますし、逆にわからないことがふえたような気もします。ただはっきりしていることは、生きものは非常に魅力的であり、これからも研究を続けていきたいということです。

生命誌で人間はどこから来たのかという問いを立てると、それはどうしても人間はどこへ行くのかというテーマにつながってしまいます。過去は事実を語ればよいのですが、未来は難しい。ただ、これまで述べてきたような、長い時間と広い空間を意識し、共通性と多様性の関係を身につけた生き方が必要だということはいえると思います。生命誌の研究を生かして、生命論的な生命観、人間観、世界観をつくっていくのが重要だと思います。その提案をしていくつもりですが、実は現在の社会は機械論的世界観になっていますので、移行の期間には、悩ましい問題がたくさん出てきます。そこで、当面生じているさまざまな問題をとりあげ、具体的な形で、どのように生命論的世界へ移っていくかを考えていきたいと思います。

とりあげるべきテーマはたくさんありますが、まず最近話題になったクローンを例としてみましょう。

生きものに操作を加える

生命誌を知るには生きものの「実験」が必要です。とくに、一九七〇年代以降は、DNA組み換えや核移植など遺伝的な操作が研究上不可欠になってきました。特定の遺伝子をはたらかないようにしたマウスをつくりその結果欠けた機能からその遺伝子のはたらきを知るノックアウトマウスづくりなど、個体の性質を変えることも大事な研究法です。このような遺伝的操作は、研究だけでなく、遺伝子組み換え生物（具体的にはバクテリアや農作物など）やクローン動物などを産業用につくるためにも使われています。

実は、操作といっても、結局は生物の力を借りずに生物をつくることなどできるはずもありませんし、生物づくりのルールに反するようなものは存在できるはずもないのです。ただ、変化の時間を速めていることは確かであり、生物にとって大切なのは時間であると考えている生命誌の立場からは、そのチェックの必要性を感じます。しかしDNA（遺伝子）があらゆる生物の基本物質であることを強調するあまり、あたかもすべてがDNAで決まってしまうかのように考え、そのDNAを操作するとはとんでもないことだというのはあたりません。

生命誌は（というより現代生物学はといってよいでしょう）、安易な遺伝子決定論を否定します。これまでの章でも、生物は決して遺伝子ですべてが決定してしまうような単純なものでないことを示してきました。とはいっても、DNA操作の意味、とくにその結果できた生物を、研究室内だけでなく日常に持ち込むことの影響は考えるべきことです。クローンを例に、生物の本質を考えると共に、技術としてどのように用いるべきかを考えていきます。

クローンとはなにか

クローンというと、一九九六年に誕生したクローン羊のことを思い出す方、クローン人間を思い浮かべる方が多いでしょう。もちろん最後にはその問題の検討をしますが、話を正確にするために、まずクローンとはなにかという基本から入ります。

クローン。「無性生殖（栄養生殖）でふえた遺伝的性質がまったく同じ一群の個体」と辞書にあります。なんだかわかりにくい書き方ですが、つまり無性生殖でふえていくバクテリアは、すべて同じゲノムをもつ、つまり遺伝的資質がまったく同じ一群の個体、クローンです（図10―1）。また、植物の場合、自然界では有性生殖をしていますが、さし木をすれば、元の木とまったく同じ性質で、しかもお互いも同じという植物をたくさんつくれます。実はクローンというのはギリシャ語で小枝という意味なのですが、図10―1を見るといかにも小枝のように見えますので、それが語源かもしれませんし、さし木を考えてのことかもしれません。

このように、そもそも無性でふえる生物や植物ではクローンは決して特別のものではありません。問題は動物です。動物の場合、受精卵が分裂をして個体をつくっていく初期に、たとえば二つに分かれた細胞が何かの拍子でそれぞれ独立し、そこからそれぞれから個体ができることがあり、こうしてできた一卵性双生仔はクローンです。人間の場合もある割合で一卵性双生児は生まれます。しかし、ある程度発生

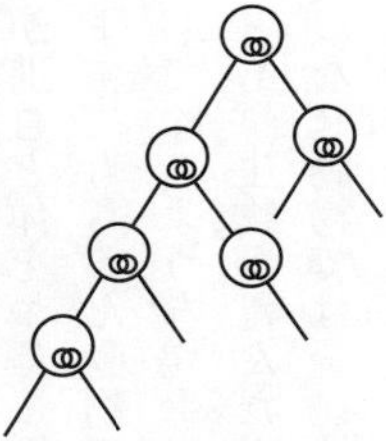

図10―1　バクテリアは皆クローン

が進むと体をつくる細胞はそこから一つの個体を産み出す能力、つまり全能性を失います。もちろん動物でも、前に紹介したプラナリアのように、切っても切っても再生してくるような場合は体中に全能性をもった幹細胞が分布しているのでしょう。けれども、生物がだんだん複雑化していくにつれて再生の能力は失われてきました。

なぜ動物では全能性が失われていくのか。全能性を失うとはどういうことなのか。生命誌を考えるうえでの基本図である図5―2（九九頁）を見ると、全能性を保っている生殖細胞は生き続けるのに、それを失った細胞は死への道をたどるわけですから、生と死を考えるにあたってもこれは是非考えたい本質的な問いです。

体をつくる細胞はクローン

動物のクローンを実験的につくった最初の人は、英国のJ・ガードンです。一九六六年にアフリカツメガエルの卵から核を抜き、そこにオタマジャクシの小腸上皮細胞の核を入れたところ、七二六回の試みのうち三一個の卵からオタマジャクシが生まれ、四匹はカエルにまでなりました。オタマジャクシでは、まだ体の細胞も完全に分化していないかもしれないので、次に、カエルの皮膚や肺などの細胞の核を移したところ、オタマジャクシは生まれましたが、カエルにはなりませんでした（図10―

2）。少なくともカエルではクローンが生まれるということ、つまり、動物の体細胞は分化後も受精卵と同じゲノムをもっていることがわかったのです。肺細胞、皮膚細胞などに分化した細胞も、自分のはたらきに不必要な遺伝子は捨ててしまうことなく、すべてもっており、何らかの方法で、それぞれの細胞に不要な遺伝子ははたらかないように抑えているのでしょう。そこで、はたらきを抑えている鍵をはずしてやれば、またゲノムのすべてがはたらきはじめ、新しい個体ができるということです。

私たちの体をつくっている細胞——大人だと六〇兆個ほどといわれます——はすべて、自身の出発点である受精卵とまったく同じゲノムをもっている、つまりクローン細胞なのです。脳の中の神経細胞も足の裏の皮膚細胞も同じ

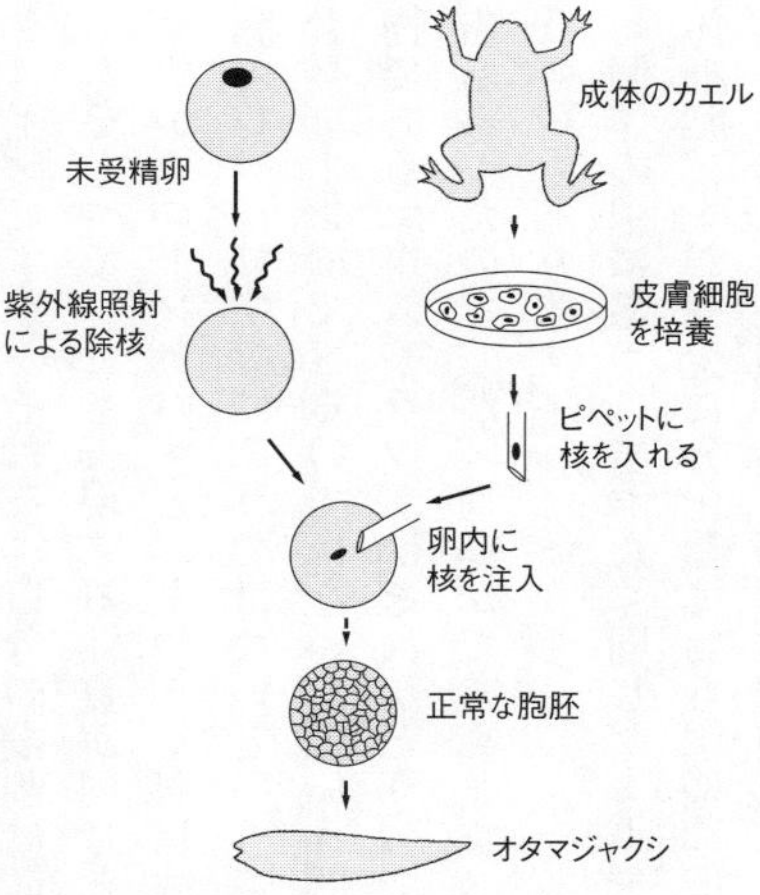

図10—2　アフリカツメガエルでのクローン作り（B．アルバーツ他著、中村他訳『細胞の分子生物学　第３版』ニュートンプレスより）

クローンですが、それぞれ自分の役割に従ってはたらいています。ここから、同じゲノムをもっていても表現する性質が同じということにはならないことがわかります。なぜかクローンというと、まったく同じ性質をもつ生物と思われてしまいますが、細胞のレベルですでにそうではないということがわかっているのです。そこで哺乳類でもクローンはできるのではないかという問いが出るのは当然ですが、代表的な実験動物であるマウスやラットはそれがどうしてもできませんでした。実はできたという報告もあったのですが、追試ができぬままスキャンダルめいた話になってしまったという経緯もあります。

個体の中にあってまったく同じゲノムをもちながらも、生殖細胞、完全に分化した体細胞、まだ完全に分化しておらず増殖能のある幹細胞はそれぞれ違った運命をたどることはすでに述べました。体細胞でも、うまく幹細胞にあたればまた新しい個体が生まれる可能性が考えられますので、カエルでの成功例はこれだったのかもしれないとも考えられました。複雑な生物になるほど幹細胞が少ないし、とにかく、哺乳類では、成体からのクローンづくりは難しかろうと考えられてきました。とくにマウスでの試みが失敗していたので、おそらくそれはできないと多くの研究者が考えていたのです。

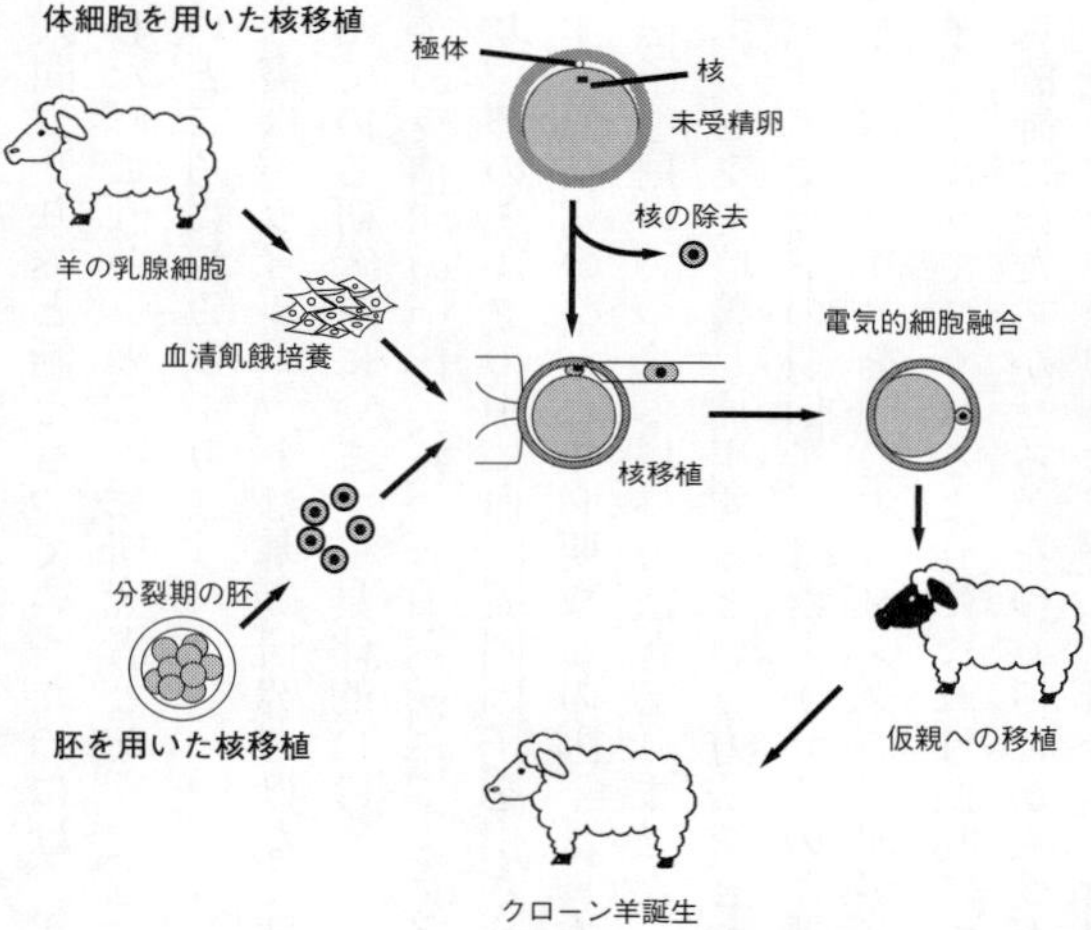

図10—3　胚と体細胞を用いた核移植

クローン羊誕生

ところが、英国のI・ウィルムットらが羊で成体（妊娠中の六歳のメス羊）の体細胞（乳腺細胞）から取り出した核を未受精卵に入れるという方法でクローン羊を誕生させたので皆が驚きました（図10—3）。彼らは、二七七回の核移植で二九個の正常な胚を得、これを代理母の子宮で育てたところ、そのうち一匹が生まれてきたのです。ドリーと名づけました。これまで述べてきたような経緯の中で羊が生まれたのですから、研究者の多くが驚き、関心をもったのは当然です。けれども社会はちょっとキワモノ的扱いをしました。すぐにクローン人間づくりへと話をもっていったのには、正直にいってまたかという気持ちがありました。こういうところに研究者とそうでない人の差が出て、それをうまく処理できないところに悩みがあります。

実は、ウィルムットは基礎研究ではなく薬品の生産を狙ってこの技術開発に取り組んでいる研究所にいます。具体的には、ヒトの遺伝子（実例として血液凝固因子）を羊の受精卵の中に入れ、ヒトの遺伝子をもった羊（トランスジェニック羊）をつくり、そのミルクの中に血液凝固因子を出させようという狙いで研究を進めていたのです。血友病の薬として必要なこの因子は、本来人間がつくるものですから、ヒトの遺伝子を用いてつくる以外方法がありません。現在は、ヒト遺伝子を組み込んだ大腸菌をタンクで培養し抽出するという方法をとっています。しかし、この方法では、バクテリアでヒトの遺伝子をはたらかせるのが難しいこと、物質を取り出すのが大変なこと、バクテリアを培養するタンクの管理が必要なことなど問題がたくさんあります。羊のミルクでつくれるようになれば便利です。問題は、ヒトの遺伝子を取り込みそれを的確にはたらかせる羊をつくるのが大変だというところです。そこで、一度そのような羊をつくった後は、それと同じ羊を何頭でも得られるようにしたい。ここからクローン羊の計画が始まったわけです。つまりこれは、基礎研究、応用研究の両方から見て、共に、研究の王道を進んで生まれた画期的な成果なのです（実用はまだこれからですし、それをどのように使うかは、極端な場合、使わないという判断も含めて今後決めることです）。

クローン羊の成功により、哺乳類の体細胞ゲノムは全能性をもっていたと考えるべきか、羊の乳腺細胞にも、かなりの割合で幹細胞があると考えるべきかはまだわかりませんが多くの人は前者と考えています。

面白いことに羊で成功したら、それまでどうしてもクローンが生まれなかったマウスでも成功するようになり、日本ではウシで同じ技術によりクローンが生まれました。

ヒトクローンの議論

ところで、クローンという言葉は、一般にはこのように地道な研究の中にあるものとは受け止められてはいません。まず思い浮かべられるのはクローン人間で、これを産み出すのは悪魔的な科学者となります。事実、クローン羊誕生が報じられた時の反応の多くは、これを利用してどんな産業が産み出せるかという話ではなく、ましてや基礎研究の話などにはなりませんでした。ヒトクローンをどう考えるかという話に集中したのです。たとえば、クリントン米国大統領は、ドリー誕生のニュースを知るとすぐにクローン研究を一時停止し、国家生命倫理諮問委員会に検討を求めました。委員会は、倫理面からではなく安全性の面から現在の技術ではヒトクローンをつくるべきではないという報告を出し、五年後の再検討を要請しました。

この対応には、多くのことを考えさせられます。まず、クローン羊誕生が直接クローン人間に結びついたということです。これには、次の二つの背景があるように思います。クローンは、西遊記の孫悟空が自分の毛から小猿をたくさんつくり出す例など、古くから「そんなことができたらいいな」という気持ちで語られてきました。一方最近では同じフィクションでもヒットラーのクローンづくりのような恐ろしげな話が主体になってきました。そして、一九七八年、ロービックが『人間のクローン』という本を実話として書いたのです。ある富豪が大金を出して自分の複製をつくるよう依頼するというこの話は、専門家による検討の結果、創作と判明しますが、この本がこの年に出版されたことには意味があります。英国で体外受精児が誕生した年なのです。ヒトの受精卵を体外でつくり出したので、クローンも現実味を帯び、ロービックの本をありっこないと言下に否定することはできなかったのです。もう一つの背景は、すでに何度も触れてきたように、二十世紀後半に遺伝子研究が急速に進展したために、すべてを遺伝子に帰してしまう、遺伝子決定論が広がったことです。ＤＮＡ研究者は実態を知っていますので、決して遺伝子決定論はとりません。ＤＮＡが生物にとって非常に重要なはたらきをしていることは確かですが、その素晴らしさは、むしろ一つの遺伝子が一つの性質を決めてしまうというような単純なはたらき方をしていないところにあるのです。ところがどういうわけか動物行動学や進化論などＤＮＡを直接扱わない学問の中で遺伝子決定論が強くなっており（それまであまりにも遺伝的側面を無視しすぎていたことの反動のように思えます）、それがＤＮＡ研究と変に混じり合って社会に出ていきました。以来、浮気や幸福の遺伝子の話が登場し、日常会話では会社の遺伝子などという例えもよく使われます。ＤＮＡ研究者にはできない使い方です。一卵性双生児の例でわかるように、同じゲノムをもつ個体であるクローンがまったく同じ性質を示すということはありませんので、体外受精と遺伝子決定論が結びついて、現実味を帯びて語られるクローン人間像は、生物学から見るとバカバカしい話なのですが。

生殖技術の一つ

私はヒトクローンの作成に意味を認めませんし、それを望みませんが、この技術が生物の基礎研究、家畜の応用技術としては重要なものであり、ヒトクローンをイメージして他の動物でのクローンの研究や応用まで止めてしまうのは望ましくないと思っています。そういう視点から、ヒトクローンのことを考えてみます。

まず、羊で成功したら人間でも体細胞の核を用いたクローンができるのかということです。すでに述べたように、羊での成功後、次々とウシやマウスでクローンが誕生していますので、技術的にはヒトでも可能だろうと考えるのが妥当でしょう（もちろん種によって違うことはあるので一〇〇％ではありません）。

ところで、ヒトクローンをつくることを否定する根拠はどこにあるのでしょうか。米国の委員会の判断にあるように安全性がまだ確保されていないという理由は、本質を考えるのを避けています。五年後にもう一度考えるという判断はそれを承知しているからでしょう。

それに対して、本質を考えて一つの答えを出したのがフランスの国家倫理諮問委員会です。「遺伝情報が同じなら個人として同じということにはならないが、それでも生まれてくる人間の遺伝的素質の不確定性は人間の一回性、唯一性を支える重要な要素である。これをあらかじめ確定したものとするクローン技術は人間の基本を侵害する。また、無性生殖によるクローン人間の作成は家族の概念を混乱させる。生殖不能のカップルが子どもを得る手段としてこれを用いることも生まれてくる者に対する倫理として許されない」という考え方です。明確ですが、ここでいう倫理には、キリスト教、とくにカソリックの考え方が反映しています。

実態は、欧米社会といえども、キリスト教だけで判断はできない状態で、たとえば家族の概念は変化しています。ヒトのクローンのような問題は、できることなら世界で共通の基準をつくることが望ましいので、異なる価値観をもつ人の中で検討をしなければなりません。米国が倫理的な判断を先のばしにしたのは生殖技術そのものについて、いやそれ以前に中絶の可否について長い間議論があり、それに対する答えが一つという状況になっていないからです。中絶に関して保守的な共和党、やや許容的な民主党という政治的立場との関連でこれが選挙結果を左右するほどです。またフェミニストの立場もあります。つまりこの問題は、クローン人間が是か非かというだけの話ではなく、生殖技術、つまり受精卵を体外でつくり出すことを始めたところに戻る議論なのです。更に、中絶や人工授精などが行われており、今では子どもは授かるものでなくつくるものになっていることまで戻って考えなければならない議論です。人工授精児、体外受精児はすでに誕生しているわけですし、受精卵についても、法律上の夫婦間の生殖細胞だけでなく、卵と精子のさまざまな組み合わせでつくられている状況で、クローンだけを否定するのはなかなか難しいというのが実情でしょう。その悩みが米国の判断に表れています。

体外受精は、必要とする人がいる以上それに応えるのが専門家の役割だという考え方で進み、今では通常のこととなりました。こうなると、クローンも望む人があれば行うという考え方があり得ることになります。つまり、子どもの誕生を、「授かる」という感覚から「つくる」という行為に移行させた時にすでに私たちは、ある方向に向かって歩き出したことになるわけです。つまり、ルビコン河はすでに渡ってしまっており、元へ戻ることは現実的ではないとすると、生殖技術を日常化している私たちの生き方の中にクローンも取り込んで考えなければなりません。クローン人間はキワモノではなく、生きものとしての人間を考える重要なテーマになってきます。すでにさまざまな宗教、フェミニズム、ホモセクシャルなど多様な立場からの意見が出されています。米国にはホモセクシャルのカップルの結婚を法律的に認めている州がありますが、男性同士の夫婦がどうしても血のつながった子どもが欲しいという要望から、クローンを求めた時どう考えたらよいのか。私には今すぐの答えは見つかりません。生物学によって遺伝子決定論を否定するとかえってクローンづくりを否定しにくくなるという状況が出ているわけで、先のフランスのような社会的判断によるしかないわけです。日本の場合、明確な判断基準をもつ社会ではないので難しいのですが、とにかくヒトクローンは禁止するという動きになっています。もっとも今これを法律にしようという動きがありますが、私はそれには賛成しません（注＊）。このような事柄は法律にはなじまないのでガイドラインという約束事にするのがよいと思います。そのうえで多様な立場からの議論をすることが大事です。

ゲノム解析の成果の応用

遺伝子に関わる技術はいろいろありますが、ヒトゲノム解析の成果と、このデータを用いた医療の問題があります。ゲノムの解析データから、病気に関係する遺伝子が見つかり、がん、アルツハイマー、高血圧などのいわゆる生活習慣病に関する遺伝子のはたらきを知ることにより、薬の使い方や治療法が見つかることが期待できますし、新薬にもつながります。遺伝病についても遺伝子の同定、はたらきの解明も進むでしょう。もっとも、このような具体的成果が出るまでには、まだまだ長い時間を必要としますし、病気は生きることの一側面なので、特効薬が次々出るのは難しいでしようが。

また、現在進行中のプロジェクトは、個人による遺伝子の違いに注目し、個人の情報を知り、一人一人に合った医療をつくっていくことを狙っています。皆一律に扱うのではない医療は東洋医療が行ってきたことで、体質といわれてきたことの背景にある遺伝子を知ったうえでの個人対応が期待されます。

こうしてゲノムに関する情報をもとにした医療が本格的になればよいのですが、そこまでいく途中には問題が出てきます。その一つに遺伝病に関連して、受精卵で診断をして出産するかしないかを決める出生前診断があります。これは、厳しい考えを要求されます。まず出生の選別がありますから、これは通常の中絶より更に厳しい選択を両親に求めることになります。判断する時に健常とはなにか、病気とはなにか、更には障害とはなにかという問題が出ます。ところで、これを考えるにあたり、ゲノムには必ず変異が起きるということをはっきりさせておきたいのです。この変異が個体をつくれないようなものでしたら子どもは生まれることができません。受精卵のうちの五%ほどは生まれてこないとされています。二倍体のうちの一方がきちんとはたらいていたり、はたらきは悪いけれど全体としては大丈夫という場合に生まれてくるわけです。ですから、ヒトのゲノムに平均一〇個ほどのはたらきの悪い遺伝子が入っている状態が普通なのです。この一〇個が、現在の社会生活ではそれほど困らない欠陥だったり、近視（どうも私はこれをもっているようで小学校の時にもう近視、長女は気をつけたつもりなのに幼稚園で近視になりました）のように眼鏡やコンタクトレンズでまあまあ困らないというものだったりすれば幸いですが、時に重い病気や障害につながることがあります。それに対しては治療や不便をなくす努力をしなければなりませんし、また実際の場ではどこまでを病気と考えるかというのはなかなか難しい問題でしょう。でも大事なのは誰もがそういう欠陥をもっているという認識です。また、前に述べたようにヒトとして存在し得ないような欠陥をもった受精卵はヒトになれずに消えるわけで、生まれてきたということは、ヒトとしての存在を認められたのだという認識も重要です。それを基本にして考える社会にしておかなければ遺伝子診断はとんでもない選択につながりかねませんし、遺伝子治療もなんでもやろうになりかねません。生命誌は、ここで述べたような生きものの本質についての認識を皆がもつ社会にしたいという願いで進めている研究です。ヒトゲノム解析が進むと差別を助長するという意見が聞かれますが、それは違います。ここで述べたようにヒトは差異があっての存在なのだということを示すのがゲノムなのですから。ただ、差別のある社会でこのデータが用いられると悲惨なことになることは確かです。順序は逆で、ゲノムのもつ意味を理解し、まず差別意識を消し、そこで医療に入ることにしなければならないのに、今の社会はそうなっていないのがとても気になります。人間についての知識がふえ、技術の可能性が大きくなればそれだけ、人間とはなにか、どのような生き方を選択するのかということを、深く考えなければならないのだとつくづく思います。生命誌研究はそれを考えるための素材を提供したいと願っています。

*この法律は、本書執筆後の二〇〇〇年十二月に「ヒトに関するクローン技術等の規制に関する法律」として公布され、翌年六月に施行されました。これは「人クローン個体及び交雑個体の生成」を防止するもので、違反した場合は「十年以下の懲役」もしくは「千万円以下の罰金」を科せられます。

第11章　生命誌を踏まえて未来を考える（2）

――ホルモンを考える

前章では、DNAの操作（分子の操作だけでなく核移植も含めて）という人間の行為を通して、これからの技術や社会を考えました。もう一つ、人間が直接生きものを操作するのではなく、人工の世界が思いがけず私たちの行方に関わってきたという例をとりあげます。近年、内分泌攪乱物質（環境から体内に入り込んでホルモンの受容体にはたらき、さまざまな異常をひき起こす物質）が、難問をぶつけています。これは、生物研究と直接関わるものではなく、むしろ、工業がつくり出した物質の問題なのですが、そこで起きているのはクローンと同じように生物研究者にとって、生きものの本質を考えさせる現象ですし、人工の世界と生物の関係を見ることの大切さを示す問題を提起しています。ここでも、問題の本質を知るには、まず、内分泌系や、ホルモンについて知る必要があります。クローンと違って、これは日常少しはなじみのある言葉でしょう。男性ホルモン、女性ホルモン、甲状腺ホルモン、ステロイドホルモンなど、こまかなはたらきはわからなくても、どこかで名前を聞き、体の調節に関わっていることは知られていると思います。

ホルモンの役割

私たちの体ではたらいている系には、循環器系、消化器系、免疫系、神経系、内分泌系があります。このうち、神経系と内分泌系は、多細胞生物の全体性を成り立たせる細胞間コミュニケーションに関わります（免疫系も細胞間コミュニケーションで成立しており、個体の維持に重要な役割を果たしていますが、外からの異物に対して免疫系特有の細胞が反応して抗体をつくるなど、特有の系をつくっていますので、通常の細胞間コミュニケーションとは独立させて考えることにしています。後で述べるように内分泌系とも関わってきますが）。生体内でのコミュニケーションは、化学物質を用いていることはすでに指摘しました。これを化学シグナルと呼び、三種類あります（図11―1）。

(1)体細胞のほとんどが一種から数種分泌する局所性化学仲介物質（接触型と傍分泌型がある）。名前の通り、近くの細胞にすばやく結合し、結合しなかったものは壊されてしまいます。

(2)内分泌細胞が出すホルモン（内分泌型）。血流を通じて全身の標的細胞に行き渡ります。

(3)神経細胞が標的細胞との間につくったシナプスで分泌する神経伝達物質。

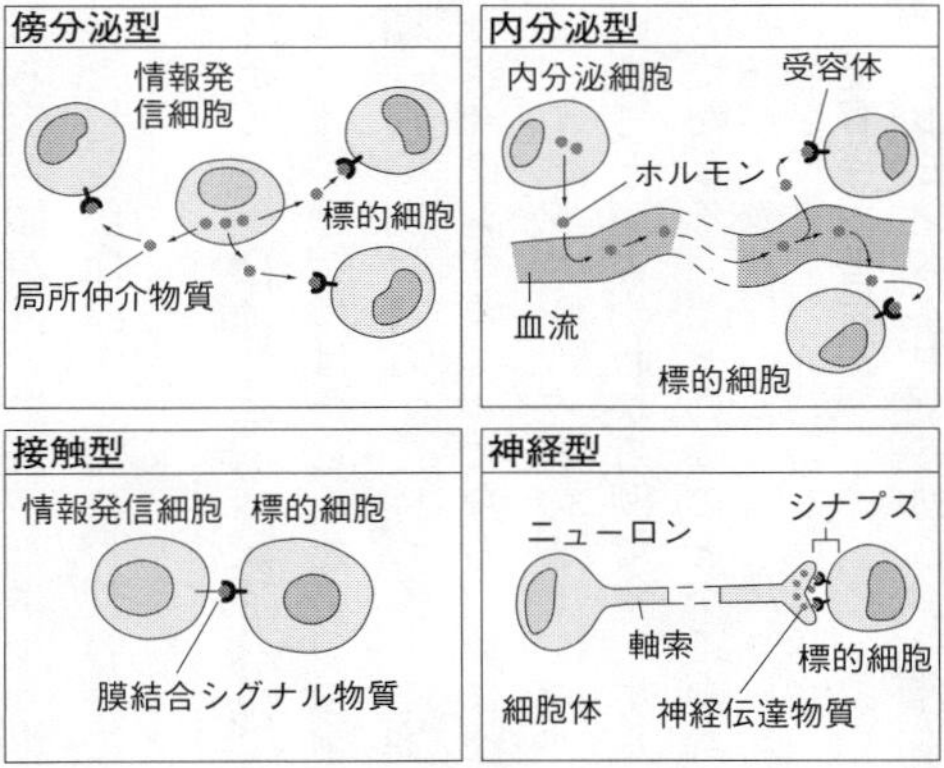

図11―1　化学シグナル伝達の種類（B．アルバーツ他著、中村他訳『Essential 細胞生物学』南江堂より）

つまり、全身に拡散し、各種細胞が適切にはたらいて体が一体となって活動するように調節するのがホルモンです。これは血流で薄められますので、とても低い濃度ではたらくのが特徴です（一〇〇万分の一％よりも低い濃度）。実はこの三種類の伝達に使われる分子には共通のものが多いのですが、シグナルが標的に達する速度と標的の選択のしかたが違います。ホルモンと神経伝達物質とを比較しますと、ホルモンは血液の中を流れていきますから、自らが特定の細胞に向かうことはできません。受け取る側の細胞にある受容体が自分に合ったホルモンを引きつけるのです。ですから、外部から入ってきた物質が血液中を流れ、受容体に引きつけられ反応を起こしてしまうと混乱が起きます。

ホルモンは神経系の調節で分泌され、そのはたらきは二つに分けられます。第一は、体が適切にはたらくための恒常性の維持であり、第二は、発生の過程で必要な時期に短期間はたらいて体づくりを進めることです。後者でよく知られているのがオタマジャクシがカエルになるために不可欠な甲状腺ホルモンです。これがなければいつまでもオタマジャクシのまま、たった一つの物質が大きな変化をもたらす鍵になっているることがよくわかる例です。ホルモンの大切さと、そこに異常が起きると面倒なことになりそうだということがこの身近な例でもわかります。

受容体に注目

ホルモンは体中を移動し、受容体があるとそれと反応して作用するので、受容体との組み合わせが重要です。一例として、染色体はＸＹの雄型であり、男性ホルモンは充分分泌されているのに、受容体がはたらかないために、雌になってしまう場合があります。一個の遺伝子の欠損で受容体が異常になるこの現象は人間にも見られ睾丸性

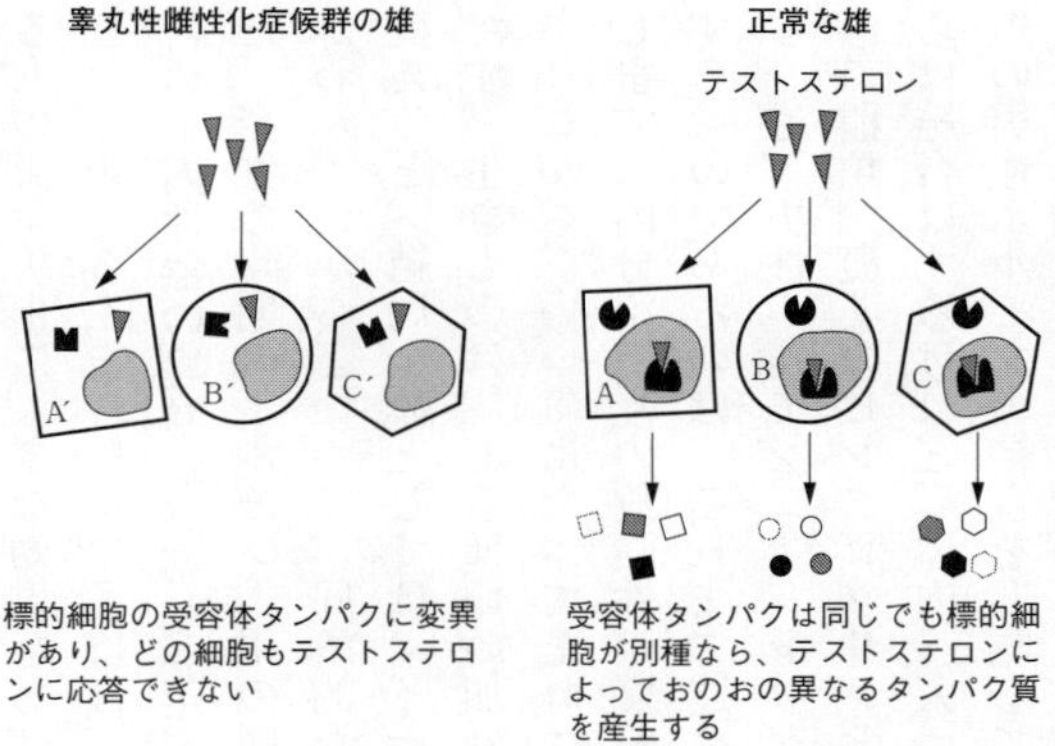
睾丸性雌性化症候群の雄
正常な雄
テストステロン
A´
B´
C´
A
B
C
標的細胞の受容体タンパクに変異があり、どの細胞もテストステロンに応答できない
受容体タンパクは同じでも標的細胞が別種なら、テストステロンによっておのおの異なるタンパク質を産生する

図11―2　睾丸性雌性化症候群（B. アルバーツ他著、中村他訳『細胞の分子生物学』教育社より）

雌性化症候群と名づけられています（図11―2）。

ところで、ホルモンと受容体は、原則として一対一の関係にあり、それだからこそ体が恒常性を保ち、秩序だったはたらきをするわけですが、女性ホルモン（エストロゲンと総称）の受容体は、少々構造の異なるものも受け入れてしまう性質があります。なぜ女性ホルモンはそうなっているのかという意味は、よくわかりませんが、もしかしたら、女性ホルモンの作用は、子孫づくりに不可欠なので、ホルモンの構造に少々の異常があってもその機能が失われないようになっているのかもしれません。この性質を活用して、すでに一九三八年に合成エストロゲン（ジエチルスチルベストロール）がつくられ、エストロゲン分泌が不足している人の流産防止に大きな効果をあげ、夢の薬といわれました。ところが、これを投与した母親から生まれた女の子には、子宮頸がんや、膣がんの危険性が高いこと、男女含めて内性器の異常が高率で発生することがわかり、この薬は使われなくなりました。発生の時期のホルモン作用の微妙さを示す例であり、体の一部の構造やはたらきがわかったからといって、局所的な有効性に惹かれて体内での物質の動きを人為的に変えると、結局全体としてはマイナスになる場合が少なくないことを教えてくれる例です。生きものは、ある種いい加減（少々構造が変わっていてもいいのですから）でありながら、いい気になってそれに便乗することは許さない厳しさがあるのだと実感します。内分泌攪乱の危険性が疑われる物質の多くが、女性ホルモン様のはたらきをするものであるのは、これまで述べたような事情からです。

一方、男性ホルモン（アンドロゲンと総称）の受容体に結合する物質は、今のところ二種類（農薬のビンクロゾリンとDDTの代謝産物）しか知られていません。こちらは結合はするけれど、体内へ入ってホルモンとしてはたらくことはありません。正規の男性ホルモンの結合を邪魔してうまくはたらけないようにしてオスになることを抑えてしまうわけです。つまり今のところ、内分泌攪乱物質の多くは、生物をメス化する方向にはたらくわけです。

主として内分泌攪乱物質の作用として、発生の異常とメス化が問題になっているのはこのような理由からなのです。

脳への影響

性ホルモン様物質による発生の異常とメス化は脳にも現れます。というのも、性を決める要素は複数あるからです。第一は性染色体です。人間の場合、染色体は、二三対（四六本）で、そのうちの二二対はまったく相同の染色体の組み合わせですが、性染色体だけは違います。女性の場合、X染色体が二つXXですが、男性では一つがY染色体でXYとなります。体はまずメスとしてつくられ、Y染色体上の遺伝子がオスに必要な物質をつくりオス化する。単純にいうとこのようになっています。ここで活躍するのが性ホルモンで、XYの染色体をもっているのに表現型としてはメスになる場合があるという例をあげました。つまり第二の要素は内分泌系です。さらにもう一つの大切な要素が脳です。男性と女性では（他の動物のオスとメスでも）、理性、感性共に違いがあるのは日常なんとなく感じていることですが、近年、男女で脳に違いがあることがわかってきました。脳の性差研究は、ラットの性中枢の一部（視束前野）を調べたところシナプス数に雌雄で違いがあり、しかもその違いはアンドロゲンのはたらきで決まってくることがわかったところから盛んになりました。カナリアは脳内にさえずり中枢があり、そこは雄の方が大きい（さえずるのは専ら雄ですから）のですが、生まれてすぐの雌ヒナにアンドロゲンを注射すると雄並みの大きさになります。

最近では、ＭＲＩ、ＣＴスキャンなどで外から脳のはたらきを測定できるようになりました（非浸襲性測定法）ので、人間の脳のはたらきの研究も進んでいます。ブローカ野という言語に関する部分のはたらきを見たところ、男性は左脳だけがはたらいたのに対し、女性の場合、左右の脳の活動が高まったという実験例は興味深いものです。左右脳を結ぶ神経繊維が通っている脳梁も女性の方が太いということで、これは、男女のものの考え方の違いと関連しているかもしれません。

このような差がいつどのようにして生まれるのか。人間の場合、男児では、妊娠初期から精巣からのアンドロゲンの分泌が始まり、ほぼ最後まで大量のアンドロゲンが分泌され続けることがわかっています。もちろん、女児にはこれはありません。他の動物での実験なども勘案すると、おそらくこの時に脳の性も決まるのではないかと考えられますが、今後の研究が必要です。染色体、性ホルモン、脳（これにも性ホルモンが関係）に続いて最後の要素はもちろん誕生後の生活環境です。「女の子らしくしなさい」「男の子でしょう。しっかりしなさい」。親は、女の子らしさとはなにか、男の子らしさとはなにかがそれほどよくわからないまま、ついこの言葉を使います。これが、考え方や行動に影響するに違いありません。

さてそうなると、次に気になるのは、内分泌攪乱物質の脳への影響ですが、残念ながらデータ不足です。ラットで胎仔の時から誕生直後まで、ダイオキシンにさらしたところ、雄の子どもの血中のアンドロゲン濃度が低く、成熟後雌の行動をしたという報告がありますが、事例が不足しています。ただ、これまで見てきたことを総合すると、私たちの日常を便利にしてくれるということでありがたく使っているさまざまな化学物質をホルモン作用の有無で見ていく必要があることは確かですし、それも単に内分泌系だけでなく、神経系、免疫系との関わりを見たり、体全体をつくる細胞たち一つ一つのはたらきとそれらのコミュニケーションを通して体全体を見るようにする必要がありそうです。

ホルモンとＤＮＡ

ホルモンが受容体に結合して引き起こすのは、やはりＤＮＡのはたらきの変化で

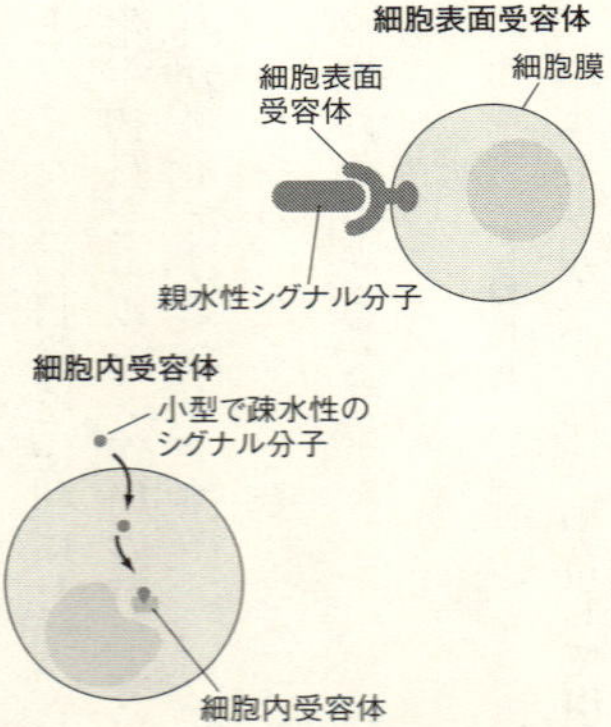

図11―3　受容体は細胞の表面にも細胞内にも（B．アルバーツ他著、中村他訳『Essential 細胞生物学』南江堂より）

す。ホルモンが受容体と結合した後の反応は、大きく二つに分かれます。一つは、受容体が細胞膜にあり、これにホルモンが結合するとそこから内部の酵素活性を高める指令が出て、ドミノ式に情報が伝わり、最後にDNAに伝わった情報に従ってタンパク質が合成されるというタイプです。多くの情報はこうして伝わりますが、もう一つ、受容体が細胞の内部（核や細胞質）にあり、ホルモンと受容体との複合体が直接DNAに結合して指令を出すという、女性ホルモン、男性ホルモンを含むステロイドホルモンの仲間に特有のタイプがあります。ということは、内分泌攪乱物質もこれと同じはたらき方をしているのでしょう（図11―3）。ですから、このようなはたらきとの関係で内分泌攪乱物質への対処を考えていくことも必要です。内分泌攪乱物質のなかには、発がん性など直接遺伝子に影響する性質をもつ物質もありますし、従来考えられてきた意味での有害物質と違って、分解性も比較的よいという物質もありますので新しい視点からのチェックをしなければなりません。

最後に、内分泌攪乱物質の影響が疑われたとされる現象をいくつかあげておきます。アメリカフロリダ州のアポプカ湖に近くの農薬工場からのＤＤＴなどが流れ込み、それが抗アンドロゲン作用をもっているために、そこに棲むワニの生殖器が正常の半分から四分の一の大きさになってしまったという例は御存知の方も多いでしょう。逆に海産巻き貝のイボニシなどでは雌に異変が見られています。フジツボ対策として船底に塗られた有機スズの影響で雌にペニス様の構造や輸精管ができたという報告です。ヒトについても、この五〇年間に成人男性の精液一ミリリットル中の平均精子数が一億一三〇〇万から六六〇〇万へと半分近くに減ったという報告があります。しかも精液量も二五％減少というのですから、大きな変化です。変化はないという報告もあって、今のところ結論は出ていませんが、精子形成に性ホルモンが関わっていることは確かですので、マウスなどでの実験も含めて実情とそれへの対応を考える方向で研究が始まっています。この場合、影響の現れ方が種によって違うであろうことも配慮する必要があります。

性や生殖に影響するとなると、これは直接人類の未来に関わります。そこで、先進各国の政府や国際機関がこの問題をとりあげて検討していますが、まだ科学的証拠が弱く、わからないことが多いのが実情です。もちろん、だから騒ぐなというのではなく、これから研究を進めなければならないということです。ただ騒ぐのは無意味ですが、生命誌の立場からは、個別のデータを超えたもっと大きな問題として捉えたいと思います。効率一辺倒で、大量生産を続けている限り、対応の方法はないと思うからです。人間も化学物質でできているのですから化学物質を敵にするという話ではありません。しかも、天然に存在する物質なら問題がないというものではありません。生物は限度を超えるのが嫌いなのです。分を知った活動をしない限り事は解決しないでしょう。それについては、まとめて最後に考えます。

これからどうするか

これからどこへ行くのかを考えるにあたって、クローンやゲノム解析、内分泌攪乱物質という、今話題のテーマを例としてとりあげました。これ以外にも生きものの関わる技術の問題はたくさんありますが、タイプの異なる二つで代表させました。この二つの中には考えるべき課題がたくさんあり、それを真剣に考えれば、方向が見えてくると思ったからです。基本は、人間も生きものであり、私たちはどこへ行くのかという時の私たちは、人間だけでなく生きもの全体を含めたものだということです。したがって、話題性のある問題を指摘し、技術を批判し、倫理で判断するという方法ではなく、生きものにとってこの技術はどういう意味があるのかという基本をじっくり考えるところから始めたいのです。

医療や環境問題に携わっている方から見たら生ぬるく見えるかもしれません。でも、生きものとはどういうものか、生きものの一つとしての私はどういう存在かを見て、そこから新しい方法を考えるのが、結局一番よい方法だと私は思っています。もちろん、安全、倫理、法などの視点から否とすべきは否とする判断をしなければなりませんが、その前に、政治家も企業人も生活者も皆で生きものとしての人間の感覚を共有することが大事です。これが生物研究をしてきた私の願いです。そのような共有の場として始めたのが「生命誌研究館」なのです。

これからを考えるためには、これまでをじっくり見ることが大事です。そこで、研究館では、ゲノムに書かれた記録を読むという研究とその理解を深めるための表現法の研究という新しい試みをしています。そこには音楽も絵も文学も踊りも日常生活も取り込んでいます。一例をあげると、今テーマにしているのは「生命樹」です。古来、さまざまな地域の人々が生きていることのもつ力、自分を包み込んでくれる大きな世界をイメージした時描いたのが樹だったというのは興味深いことです。古代インドの生命樹からＤＮＡで描く分子系統樹まで、思いは同じだと思っています。こうして生命を、そして人間を素直に見ていくところから、明るい未来をつくり出したいと願っています。

第12章　生命を基本とする社会

生命誌という切り口で生きものを見ると、人間が長い時間をかけてでき上がってきたヒトという生きものであり、地球上の全生物とつながっているということと同時に、多様な生きものの中でのヒトの特性が見えてきました。その特性を生かして文化を産み、文明を育ててきたのが人間なのですから、文化や文明の一部である科学や科学技術を否定するのは、生命誌の立場ではありません。しかし、現代科学技術は人間を生きものとして見た時に大事にしたい価値を生かしたものにはなっていないので、ここで、生命誌から見えてきた生きものの姿をまとめ、それを考慮した社会づくりを提案します。

共通するパターン

これまで見てきた生きものの姿に共通するパターンをまとめてみます（表12—1）。

○積み上げ（鋳掛け屋）方式　原始の海に存在した分子から原核細胞ができ、それの

1	積み上げ方式（鋳掛け屋方式）
2	内側と外側
3	自己創出（最初は自己組織化）
4	複雑化・多様化
5	偶然が新しいものを
6	少数の主題で数々の変奏曲
7	代謝
8	循環
9	最大より最適
10	あり合わせ
11	協力的枠組みでの競争
12	ネットワーク

表12―1　生物の共通パターン

共生で真核細胞になり、それが集まって多細胞ができるというように、とにかく積み上げによって新しいものをつくってきました。古いものを捨ててはいません。実は、形を見るよりも、ゲノムを見た方が積み上げがよく見えます。脊椎動物の起源を探るためにナメクジウオを調べているホランドは、ここにはホメオボックス遺伝子クラスターは一個しかないことを見つけました。ショウジョウバエでも一個ですが、マウスやヒトでは四個あるので、脊椎動物誕生の時、四倍にふえ、新しい構造がつくれるようになったと考えられます。このような重複はホメオボックスだけでなく、多くの遺伝子で見られます。そこでホランドはこの時ゲノム全体が二回重複して四倍になったのではないかという大胆な考え方を出しています。ヒトゲノムの解析が進めばこの辺がはっきりするでしょう。生命の歴史の中にはかなり大がかりな変化をする時があったようでそのダイナミズムが魅力です。別のいい方をするならこれは鋳掛け屋方式です。とくに真核細胞になってからは〝捨てる〟ということをほとんどしていません。

○**内側と外側がある**　最初に外と内をつくったのは脂肪分子の並んだシャボン玉のような膜。これで細胞ができます。細胞が集まってシートをつくり、また内と外をつくりました。こうして、私という独立の存在でありながら、常に外と関わり合っているのが生きものなのです。環境問題は生きもののこの性質ゆえに存在するので、外は内と同じくらい大事だという認識が必要です。ポイと捨てれば関係ないとはならないようにできているのです。

○**情報によって組織化され、しかも、独自のものを産み出す（自己創出系）**　細胞は構造の単位であると同時に機能の単位でもあるので、部品でありながら自分で構造をつくっていきます。受精卵という一つの細胞から自らの力で自分をつくっていくみごとさ。その情報の基本はゲノムにあり、それはすべての個体それぞれに特有であることに注目すると、自己創出系という言葉が生物の本質を表現する最も重要な言葉に思えます。

○**情報のかきまぜで複雑化、多様化が起きる**　ゲノムの面白いところは、積み上げのところで述べたように重複させ、変化させ、更には混ぜ合わせる（その中で重要な役割をするのが有性生殖）などして次々と新しいものをつくっていくことです。こうしてでき上がったものは、もちろん環境の中でテストされますが、ヒトが対《つい》でもっている遺伝子の数から見て、受精でできる組み合わせは一〇の三〇〇〇乗ありま す。この値は宇宙に存在する原子の数、一〇の八〇乗個をはるかに上まわります。

○偶然が新しい存在につながる　遺伝子の重複や移動、更にふえたＤＮＡの複製の時に起きるミスコピーなどで情報が変化することなど、いずれも偶然に起きた変化がもとになって新しい能力が生じ、新しい個体が生まれます。

○少数の主題で数々の変奏曲を奏でる　積み上げ方式、情報のかきまぜなど、これまで述べてきた方式で多様化していますので、基本は意外と単純です。これは細胞の受容体のところでも述べました。シートがもとになって形をつくっていく時も、輪、らせん、放射形などとパターンは決まっていますので、生物の形を見ると同じものがあちこちに見えて面白いのです。

○常につくられたり壊されたりしている（代謝）　複雑に組織化され、常に動いている生物というシステムが成り立つには、一つ一つが安定では困るわけです。仕事を終えた分子は分解し、また必要なものを組み立てなおす。体の中の分子の七％は常に代謝しているので、活発に動いているところは、二週間もすれば一〇〇％新しい分子に変わります。細胞も代謝します。肝臓、腸、皮膚の細胞は活発に変わるところ、神経などはあまり変わらないところです。

○循環が好き　体内をグルグルまわる血液がその象徴ですが、物質も一方向でなく必ず循環しネットワークをつくっています。生物全体で見れば生と死の循環もあります。情報も円を描いているので自分で調整し修正することになります。一直線に進む場合は、歯止めがききにくい。現在の科学技術にはこの傾向があり、そこが生物と合わないところです。自然界では、資源と排泄物、生産と消費などが厳然と区別されることなく相互に交換されています。

○最大より最適が合っている　鉄やカルシウムが不可欠だからといって過剰になれば毒になります。マンモスは大きくなりすぎたとはよくいわれることです。どうも現代社会の人間は、富や力など大きければ大きいほどよいという価値観で競っているような気がしますが、バランスを保つことの大切さを生物のあり様から学びたいものです。

○あり合わせ　周囲に順応し、周囲にあるものを活用していく生き方が随所に見られます。たとえば、さまざまな生きものの眼の水晶体を調べると、その素材はさまざまです。とにかく結晶化して透明になるタンパク質であればなんでもよいというわ

クリスタリン	分　布	酵　素
δ	鳥類、爬虫類	アルギニノコハク酸リアーゼ
ε	鳥類、ワニ	乳酸デヒドロゲナーゼB4
	カエル（Rana）	プロスタグランジンF合成酵素
ζ	ギニアピッグ、デグ	NADPHキノンオキシドレダクターゼ
	ラクダ、ラマ	
η	ハネジネズミ	アルデヒドデヒドロゲナーゼ
λ	ウサギ、ノウサギ	ヒドロキシアシルCoAデヒドロゲナーゼ
μ	カンガルー、クオール	オルニチンシクロデアミナーゼ
ρ	カエル（Rana）	NADPH依存レダクターゼ
τ	カメ	α-エノラーゼ

表12—2　眼のレンズをつくるものは　レンズクリスタリンはあり合わせのものを利用。しかも種によって使う酵素が違う（宮田隆『DNAからみた生物の爆発的進化』岩波書店より）

けです。このような柔軟性があったからこそこれだけの能力を獲得し、続いてきたのでしょう（表12—2）。

○協力的な枠組みの中で競争している　生きものは生きることに懸命です。自分のためになることは積極的に取り入れていきます。しかし一方、生物界は、共生で象徴されるといってもよいことが、調べれば調べるほどわかってきました。個体のレベルだけでなく、細胞や分子のレベルでも共生が重要であることは、これまで見てきた通りです。寄生者は宿主を殺してしまっては自滅になるわけですから。

○生きものは相互に関係し依存し合っている　ヒトももちろんこのネットワークの

中に入っています。環境問題というのは理屈で考えるものではなく、一人一人がこの感覚をもつこと、私はこれを生きもの感覚と呼んでいますが、その感覚で行動の判断ができなければ相互関係を壊すことになります。

以上のような生物の特徴を、もう少しまとめてみると、次の七つの面が見えてきます。

・多様だが共通、共通だが多様
・安定だが変化し、変化するが安定
・巧妙、精密だが遊びがある
・偶然が必然となり、必然の中に偶然がある
・合理的だがムダがある
・精巧なプランが積み上げ方式でつくられる
・正常と異常に明確な境はない

こうして並べてみると、お互いに矛盾することを抱え込んでいます。しかし、それだからこそダイナミズムが保たれているといえます。矛盾に満ちたダイナミズムこそ生きものを生きものらしくしているのです。現代社会は、すべて合理的に進めようとした結果、却ってニッチもサッチも行かなくなっているので、生物から学ぶ社会づく

りの基本はこの辺にありそうです。

生命を基本にする知

矛盾に満ちたダイナミズム。これを楽しむことができる社会づくりをしたいというのが、生きものの歴史を追ってきた結果得た気持ちです。そこで、私たちの「知」の基本に生命を置きます。ところで、生命を基本の知とするという捉え方は、決して新しいものではありません。ヒトがこの世に登場した時は、周囲にいる先輩の生きものをよく知り、その仲間として懸命に生きていたに違いないのですから。そこを出発点として、知の歴史を簡単に追ってみます（表12―3）。

実はこの表は、生命誌という考え方を探し出した時の『自己創出する生命　普遍と個の物語』（哲学書房）という本に書いたものです。ここでは細かく説明する余裕がありませんので関心をおもちくださったらそちらを見てくださるとありがたく思います。

最初は、生命を基本とする神話の時代です。人と自然とが一体化しており、人々は全体を感じ、関係を見ていたはずです。多様性が世界を織り上げ、情報は物語として伝えられていたでしょう。身体ですべてを感じ、時には第六感も重要なはたらきをし

基本理念		知の体系		自然とのかかわり	技術の性格
生命（神話）		創世、全体、関係、多様、日常、物語（口伝）、五感（六感）	（エンド）endo	〔人・自然〕アニミズム	狩猟、採集、農業
理性	ギリシャ イデア	自然哲学（統一）――モデル 全体 自然誌（多様性）		〔神・人・自然〕	
	中世（スコラ・キリスト教）神	自然哲学（統一性）		〔神〕〔人〕〔自然〕	
	近代（科学）啓蒙理性	普遍性、論理性、客観性	（エキソ）exo	〔人〕〔自然〕	機械（時計）科学技術 自然からの離別
生命（新しい神話）		普遍性――自己創出（自己組織化）――多様性 歴史、関係、日常、物語	（エンド）endo	〔自然・人・人工〕	自然と調和する技術 ヴァーチャル・リアリティ（コンピュータ）

表12―3　知の歴史を自然・人・人工の関係に注目しながら追う

たはずです。生活の基盤が狩猟・採集から農業へと移るにつれて、自然を管理する感覚が芽生えてきたとしても、やはり人間は大きな自然の一部として存在していたと思います。

　その中から、現代の科学につながる動きとして登場するのがギリシャの学問でした。ここでは知を支えるものが「理性」になり、これが現在にまで続きます。ギリシャでは、プラトンとアリストテレスに象徴される、自然哲学と自然誌という形で、普遍性と多様性という自然理解の基本が整理されます。これが生命誌の出発点であることは最初に述べました。そこでは、自然界を秩序あるものとする存在として神が意識されますが、まだこの時点では人と自然との一体化の中に神も存在しています。神様も仲間です。それが、中世になりキリスト教の世界になると、神、人、自然が独立してきます。神の創造物としての人と自然、そこでは人間は特別の存在として他の生物を支配する位置を与えられます。その中で、自然哲学、つまり自然界に法則性を見出し、それを統一的に理解するという知の形が強力に進み、自然の多様性そのものを楽しむ自然誌は脇役になっていきました。近代になって自然哲学の延長上に科学が登場し、現代はついに科学が神の代わりをするところまで来ているといってもいい過ぎではないでしょう。神は退き、人は自然を征服し利用する対象として捉え、そのための手段として科学技術を進めます。

科学技術は、人間を自然の脅威や面倒から解放し、人間の生きもの離れ、自然離れを目的とするかのように人工物を産み出してきました。今では、私たちの日常は人工物の中で営まれています。その快さを楽しむ私たちですが、近年、環境破壊、つまり外の自然の破壊が大きな問題になってきただけでなく、人間の内なる自然も破壊されつつあると思わせる現象が目立ってきました。合理性だけを求めて進めてきた人工社会が、生命誌で追ってきた三八億年を越える生きもののつくる世界と合わないことがはっきりしてきたのです。こうなった時、生きものとしてのヒトにすばやい変化を求めても無理です。自然に合わせながら、ダイナミズムを楽しむ生き方をするには、人間のヒトという部分、つまり自然の一部である部分を認めることから出発しなければなりません。しかも、人工世界をつくることも人間らしい営みなのですから、自然・人・人工を一体化したものにしなければならないわけです。

これを結びつける基本は、ちょっと我田引水ですが生命でしょう。それは、神の支配のもとに人が自然を支配するのでもなく、理性を基本にした科学ですべてを解決しようとするのでもなく、もう一度、素直に生きるということです。私はこれを新しい神話の時代と位置づけています。私たちがまた自然の内部に入り込むのです。表の中ほどにエンドとエキソと書きましたがこの意味は、物事を理解する時に私たち自身がその外にいるか中にいるかという意味です。科学は客観性を重視し人間は観察者として外へ出ましたが、実はこれでは自然をそのまま捉えることはできません。また改めて内へ入り込むことが必要だと思います。

ただここではっきりしておかなければならないのは、新しい神話の時代は、決して過去に戻ることではないし、また、ギリシャ以来の知を否定することでもありません。生命誌は、DNA研究を基本にしていますが、それを多様性につなげていき、そこで物語をつくっていこうとしているのであってこれまでの過程は、新しい神話づくりへ向かうプロセスだったといってよいと思います。これまで蓄積した知は、すべて活用しますが、ここでもう一つ大事なのは日常性です。DNA研究も日常性との連続があってこそ、また各人のコスモロジーにつながってこそ意味があるわけです。

　生命科学という分野にどうしてもあきたらず、生命誌を始めたのはまさに自然に入り込んで新しい物語をつくりたいと思ったからなのです。ゲノムプロジェクトでゲノムの解析が進みました。その中にある遺伝子たちがいつ、どこで、どのようにはたらくと生きものができ上がり、一生を過ごしていくのかが少しずつわかるようになるでしょう。そこには「生きていること」を支えているなんらかの構造が見えてくるに違いありません。多様な生物は「モノ」として存在していますが、それに共通な現象は「コト」です。「モノ」にこだわらず、「コト」として見ていき、それを支える構造を探していけば、全体としての生命のあり様が見えてくるのではないかというのが、今私が最も関心をもっていることです。

　構造主義では「差異」をキーワードにするので、自己や個という言葉を否定することになりますが、主義でなく生きものそのもののもつ構造を見つめていくと、自己を創出するからこそ差異が生じることがわかります。普遍でありながら多様、多様でありながら普遍という当たり前の見方が結局一番本質を見せてくれるのだと思っています。ここから生命観をつくりあげる試みに、人文学の知恵を注入していただきたいと思います。

生命を基本にする社会づくり――ライフステージ・コミュニティに向けて

生命誌研究の成果を、これまで述べてきたような生命観、世界観づくりに生かし、そのような考え方をもとにした社会づくりをしていこうというのが締めくくりになります。そこで、生物に関する個別の知識の活用の前にもう一度社会の基本を確認しなければなりません。遺伝子組み換え技術もクローン技術も現在のような進歩一辺倒の社会で使うと問題が起こることは前に述べました。どのような社会にするかを決めてから技術の使い方を決めなければなりません。具体的には、進歩一辺倒の大量生産・大量消費型から循環型社会への転換が必要でしょう。しかも、技術からの発想でなく、人間の側から考え、「一人一人の人間がその一生を思う存分生きられる社会」にしたい。しかし、一人一人の人間などといってしまったらどう対処してよいかわかりません。好みも違い、何を幸せと思うかも違うのですから。そこで、社会としては、誰もが求める基本を支えることに徹する以外ありません。そこで選んだのが「ライフステージ」という言葉です。これは、人間の一生を段階的に見ていく見方を表す言葉として私がつくりました。参考になるのは発達心理学です。胎児期、乳児期、幼児期、学童期、思春期、青年期、壮年期、老年期。もう少し別の区切り方もあるようですが、要は人間の一生を成長に伴ってある時期に分け、それぞれの時期にしなければならないことはなにか、与えられなければならないことはなにかを考え、それに見合う社会システムをつくっていくことです（表12―4）。こうすれば、一人一人のニーズに応える社会になるはずです。誰でも赤ちゃんとして生まれ、だんだんに年齢をかさねていくのですから。

一生を生き生きと、ということを学習というテーマで考えてみます。現在子どもの教育は、大人になった時に安定した職業につけるよう、それに適した学校への入学を目標に行われています。そのために本来子どもの時にやるべきことがおろそかにされるという問題が出ています。たとえば、就学前の子どもは人間関係や自然との関わりを身につけることが大事であり、本人にとってもそれが楽しいはずであるのに、試験のための塾通いをしなければならないとすれば、それは望ましいことではありません。その後も、その時、その時に最も必要なことを学び、一方、学齢を過ぎても学ぶ機会をさまざまな形でもてる社会が求められます。医療についても同じことがいえます。医療の近代化は、人間を見るのではなく病気を見るようになったことから始まったといわれます。近代以前は、身分の高い人や裕福な人は診療するけれど貧しい人は

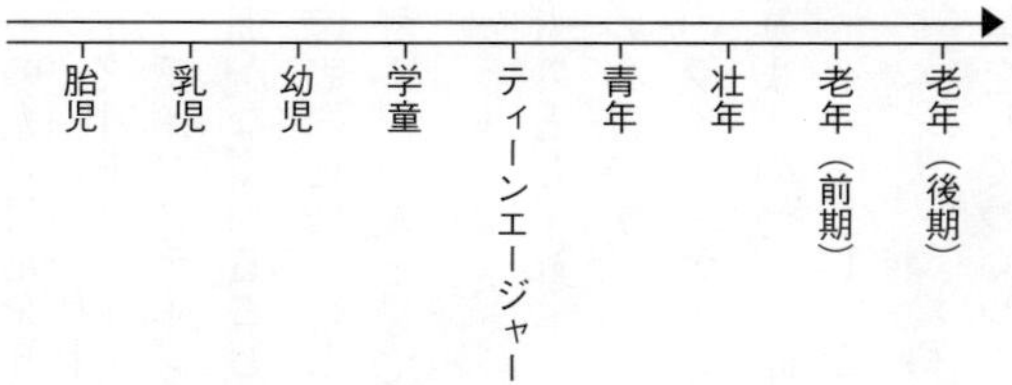

1　個人の要求に応える
2　一生を見通す
3　病人・障害者・老人・子どもなどの
　いわゆる弱者をステージの一つと見る
4　プロセス重視（ステージ間の移行）
5　ステージ間の相互関係
6　地域を基盤にした生活

表12―4　ライフステージという視点の特徴

医療の対象にしませんでした。そこで、病気という点では同じなのに人で区別するのは医療の本質にもとるとなったわけです。これは確かに重要ですが、それが行き過ぎてあまりにも病気だけを見ることになってしまい、病気をもつ人は一人一人違うということが忘れられました。病気を血圧、血糖値などの数値で捉え、その値を正常値にすることが医療になってしまったのです。ある人がどのような遺伝的背景をもち、どんな家族の中でどんな生活習慣のもとに暮らしてきたか。それを知らずに病気の判断はできません。一生を見守ってくれる家庭医が必要です。もちろん移動の激しい現代ですから、実際に一人の家庭医というわけにはいかないでしょうが、記録が続いていくシステムでそれはカバーできます。そして、その人の日常を知っている医師がその人としての正常からのずれによって医療の必要性を判断し、専門医に送ればよいわけです。個人に対応できるシステムづくりです。

ライフステージという考え方の利点の一つは、健常者と弱者、正常と異常という区別がなくなることです。通常社会の中で弱者とされるのは、乳幼児、老人、病人、身障者などです。しかし、ライフステージという視点で見ると、これはステージの一つです。一人として、乳幼児、老人、病人にならない人はいない。身体障害もそうです。いつ誰がどのような状態になるかわかりません。このようなステージは必ずあるものとして社会システムを組み立てるのは当然で、福祉社会と改めていうものではないわけです。

ライフステージ社会は、過程、多様性、質という生物の基本に目を向けることになりますので、生産システムも当然生産から消費、廃棄までを含めた循環型になります。図12—1にこのような社会を示しました。実はこれは、一九七〇年代にライフサイエンス・環境科学などの重要性が浮きぼりになってきた時に、通産省の勉強会で議論をしてつくったものです。少しずつこの方向に動いているような気もしますが。これを図示すると図12—2になります。第一象限は経済を追求する現代文明社会、現在

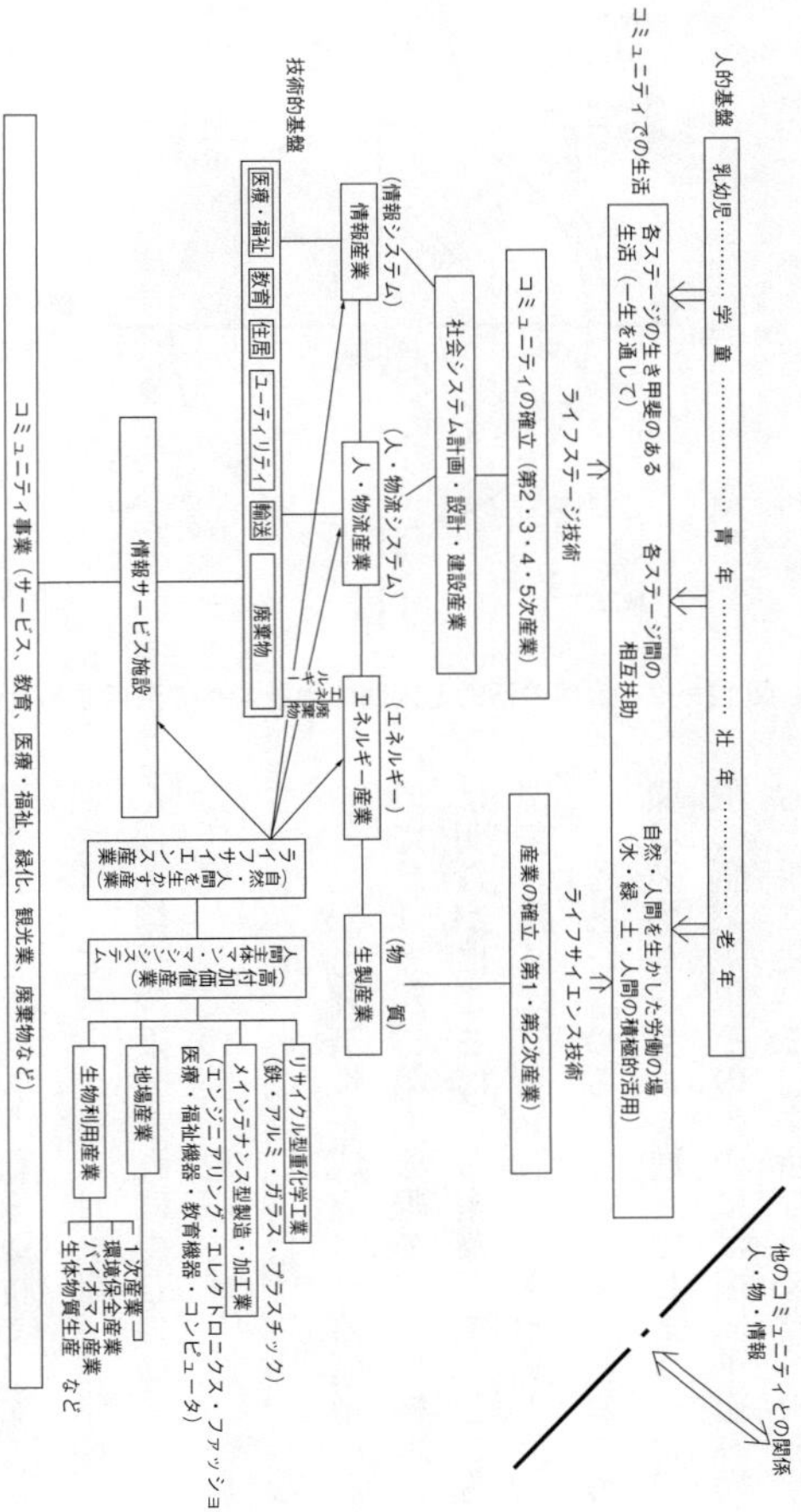

図12—1　ライフステージ・コミュニティ

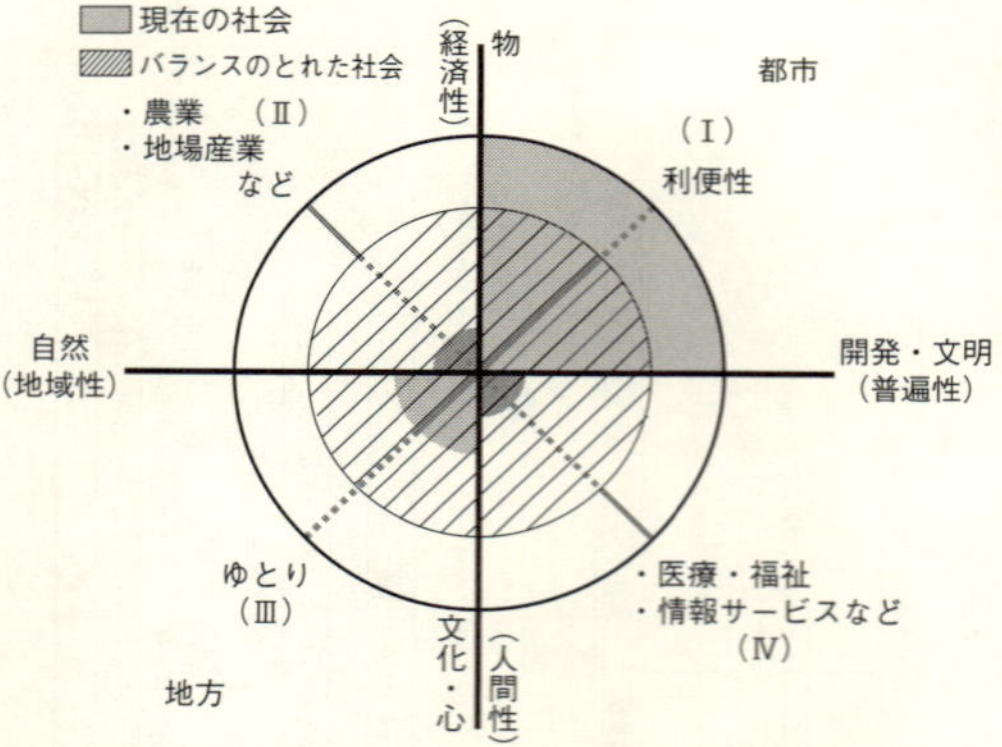

図12―2　自然の活力と人間の力をすべて活用する社会

はほとんどここで事柄が進んでいます。都市です。それに対して地域性があり、自然が豊かで人情が厚い第三象限は、時に憩う場です。こうして現代社会は、日常のほとんどを第一象限、それに少しのゆとりを与える場としての第三象限で成り立っています。しかし、地域性や自然を生かしながら、しかも経済性を成立させる産業はないのでしょうか。第二象限です。農林水産業は明らかにここに入る産業です。ところが現在の農業は第一象限で工業と張り合っていくことを求められています。そのために環境破壊がますます進んでしまう。第二象限の農業――そのためには遺伝子組み換えも上手に使いこなす新しい技術への取り組みが必要です。もう一つの象限、第四象限は、文明を充分に使いこなしながら、人の心にも配慮するというところで、医療、教育はここに入ると思います。このようにして全体に広がった社会をつくっていくには、自然・人間についての知識を充分に生かすこと、また生きものの本質から価値観を探ることが重要だと思います。

生命誌はバイオヒストリー。一三七億年前という宇宙誕生からの大きな時間の流れの中で生物全体を見てきました。ライフステージは、人間の一生という時間を見ていきます。人間は生きものの一つですからその一生は生命誌の中にスッポリ入っていきます。ここで最初に述べた、複数の時間を意識すること、生きものの歴史を踏まえた価値観をしっかりもつこと、日常と学問をつなぐことという考え方を取り入れ、新しい社会づくりへの道を探りたいと思います。

あとがき

生命誌という分野を始めてから十年ほど月日が経ちました。当初は、ゲノムといっても専門外の方にはまったく通じないのはもちろん、専門家の中でも、ＤＮＡを遺伝子でなく、ゲノムとして捉えるということの意味をわかってくれる人はほとんどいないという状態でした。それが最近では、ゲノム、ゲノム……毎日この言葉に接するようになったといっても過言ではありません。また、「二十一世紀は生命科学の時代」という言葉も聞かれ、生命科学研究の予算も大きくなりました。

生きものの科学的な研究から明らかになることはとても魅力的で、それを基本に生活を組み立てるのが一番だと思っている身としては、この状況をありがたく思わなければいけないのでしょうが、心の底にどこか違うという気持ちがあります。

先日、テレビで〝千年のくぎ〟というドキュメントを見ました。薬師寺の再建に必要なくぎ。千年も前につくられたくぎを見ると、今もしっかりと木と木をつなぎ、少しの狂いもありません。それと同じ、いやそれを超えたくぎをつくろう。宮大工から頼まれた鍛冶師が材料の検討から始めます。途中に微妙なふくらみがあって、周囲の木がその上下でくぎとピッタリつく、その形を一本一本ていねいに仕上げていきます。最後の最後、送り出す直前にもう一度箱を開いて、少しでも納得のいかないところのあるくぎはもう一度直す。いよいよ木に打ち込まれるところを眺め、一〇〇〇年先にこのくぎの素晴らしさをわかってもらえる時のことを静かに思いながら浮かべる微かな笑みには参りました。ただ、そのくぎが、一本八〇〇円で買い取られるという現実には腹立たしさを越えて情けなくなりましたが。

生命誌の研究は、〝千年のくぎ〟への思いとかさなるものです。このような思いを明確な思想や価値として提示し、社会をその方向へもっていきたいという願いを強く抱いています。この本は、NHKテレビの「人間講座」のテキストに少し手を入れたものです。講座ということで、日常科学とは無縁と思っていらっしゃる方にも関心をもっていただきたいと思い、基礎的な事実を取り入れることに努めたので、考え方のところまでもっていく余裕がありませんでした。でも、生きもののあり様そのものから、いろいろ学びとるところはあると思っています。次の機会には、生命観、人間観のことをもっとていねいに書くつもりです。

ゲノム研究から病気の原因となる遺伝子が明らかになり、治療法が開発されたり新しい薬が生まれて産業が起こるのももちろん大事です。でも、技術や経済のために私たちは生きているのではないのだということは忘れないようにしたいと思います。人間の生き方、とくに生きものの一つとしてのヒトを踏まえた生き方が大事です。

「人間講座」の時に御一緒したNHK京都放送局の方たちとこのような問題をあれこれ話し合ったのをなつかしく思い出しています。今回、この本の編集を担当してくださったNHK出版の出澤清明さんにも大変お世話になりました。

生きるということを考え、暮らしやすい社会をつくることは、どこかに専門家がいるというテーマではありません。生命誌という一つの切り口から、多くの方が考えを出してくださるとありがたく思います。

生命誌研究館のホームページ（URL：http://www.brh.co.jp/）に御意見をお寄せください。

二〇〇〇年八月

熱帯のような暑さにちょっと異常を感じながら

中村桂子

学術文庫版のあとがき

一四年前、「生命誌」についての思いを書いた『生命誌の世界』を『生命誌とは何か』というタイトルで学術文庫として出版してくださるのは本当にありがたいことです。実は昨年、「生命誌研究館」が開館二〇周年を迎えました。二〇年といえば人間でいうなら成人。まだ危なっかしいところがあるとはいえ一人前でなければならない時です。そこでこの機会に誕生の時からの経緯とこれからへの思いを書きたいと思います。

ＤＮＡ研究が進展する中で、これはとても面白いけれど、どこかしっくり来ないと考え続けるうちに頭に浮かんだのが「生命科学研究所」ではなく「生命誌研究館」にしようということでした。生命科学は生きものを機械のように見て、その構造とはたらきを解明していく。研究所は専門家だけが閉鎖された中で仕事をしている。本当に生きものについて知りたかったら、多様な生きものたちが生きている姿そのものを見なければなりません。ちょうどその頃米国の生物医学研究の中で、がんや遺伝病の研究は一つの細胞にあるＤＮＡのすべて、つまりゲノムを解析しなければ答えが出せないという動きが出てきました。遺伝子を一つ一つ追うのでなくすべてを知ろうという考え方です。ここで気づきました。ゲノムは、遺伝子の集まりとしてだけでなく、三八億年の生きものの歴史が書きこまれた記録としても見られるということに。こうして、ゲノムを切り口に生きものの歴史物語（バイオヒストリー）を描く知の探求を始めました。その場は研究館、リサーチホールです。歴史物語を美しく表現する場は、音楽を演奏するコンサートホールのようでありたいと思ったからです。オサムシの分布が語る日本列島形成のように、研究館で得た実験成果をもとに考えたことをまとめたのが『生命誌の世界』（二〇〇〇年刊）です。それから一四年。二〇〇〇年時点では大仕事であったヒトゲノム解析プロジェクトが二〇〇三年に終了し、今ではゲノム解析は、日常の作業になりました。研究館にも、次世代ゲノム解析機器が入り、毎日、チョウ・ハチ・クモなど小さな生きものたちのゲノムを読み解いています。

　ゲノムを読むことが生きものを知る基本であることは確かであり、だからこそ多くの人がゲノムを解読しているのですが、そのようななか、課題も出てきています。大量のデータは得られたけれど、その意味を読みとり、生きているという現象の理解へとつなげることが難しいのです。ゲノム情報から生きものの物語を描き出すのはそれほど易しいことではありません。物理学のように法則があり、そこに数値をあてはめて答えを出すのと違い、生きものそのものを見つめてデータの意味を読み解いていかなければならないからです。でもそこが生きものの面白さでもあります。

実は、二〇〇〇年に二十世紀から二十一世紀への移行を意識しながら書いた時は、これほどゲノム解析技術が進むとは思っていませんでした。つまり、思いがけずたくさんのデータが出たのです。そこで、現時点でのデータをもとに書き直すことも考えましたが、先述したようにデータは大量になってもまだ本格的な学問の進歩にはなっていません。そこで、むしろ内容は変えず、二〇〇〇年時点のままにする方がよいと考えました。

医療に関わる研究では、たとえばiPS細胞の登場による再生医療など、二〇〇〇年時点にはまったく存在しなかった動きもあります。しかし、生命誌のなかでの再生現象の位置づけは、本書で書いたもので捉えきれていますので、これも変えませんでした。

二〇年前にはまだ提案にすぎず、二〇〇〇年時点でも大きな流れにはなっていなかった生命誌という知は、今では生きもの研究の中で重要なものになってきたといえます。本書では、生命誌という考え方、そこから出てくる具体的な生きものの見方を楽しんでいただけたらありがたく思います。

二〇一一年三月一一日の東日本大震災は、現代社会の自然との向き合い方の考え直しを求めました。私たち人間は生きものであり、自然の一部であるという認識が重要です。これこそ生命誌の考え方です。実際東日本大震災後、多くの方から生命誌という考え方への共感が寄せられるようになりました。とくに企業の方の反応が大きいように思います。昨年の生命誌研究館二〇周年の催しでは、研究者・芸術家・企業人・教育者・主婦などなど、さまざまな立場の方が研究館のもっている落ち着いた和やかな雰囲気がとてもよいとおっしゃってくださいました。

小さな生きものの物語に耳を傾けると無駄な競争でギスギスするのは無意味と思えます。学問の一つというより社会のありようを考えるにあたって参考になる知として、今改めて生命誌に眼を向けていただけるとありがたく思います。

講談社学術文庫としての出版にあたり尽力してくださった梶慎一郎さんに心からの御礼を申し上げます。

二〇一四年三月

中村桂子

KODANSHA

本書は、日本放送出版協会より二〇〇〇年に刊行された『生命誌の世界』を文庫化にあたり改題したものです。

中村桂子（なかむら　けいこ）

1936年東京都生まれ。東京大学理学部卒。理学博士。国立予防衛生研究所，三菱化成生命科学研究所，早稲田大学人間科学部教授，東京大学客員教授，JT生命誌研究館館長などを経て，現在，同館名誉館長。おもな著訳書に『自己創出する生命』（毎日出版文化賞）『生命科学から生命誌へ』『科学者が人間であること』『ゲノムが語る生命』『二重らせん』（共訳）ほか多数。

講談社学術文庫

定価はカバーに表示してあります。

生命誌《せいめいし》とは何《なに》か

中村桂子《なかむらけいこ》

2014年６月10日　第１刷発行
2024年６月24日　第７刷発行

発行者　森田浩章
発行所　株式会社講談社
東京都文京区音羽2-12-21 〒112-8001
電話　編集（03）5395-3512
販売（03）5395-5817
業務（03）5395-3615

装　幀　蟹江征治
印　刷　株式会社新藤慶昌堂
製　本　株式会社国宝社
本文データ制作　講談社デジタル製作

ISBN978-4-06-292240-1

「講談社学術文庫」の刊行に当たって

これは、学術をポケットに入れることをモットーとして生まれた文庫である。学術は少年の心を養い、成年の心を満たす。その学術がポケットにはいる形で、万人のものになることは、生涯教育をうたう現代の理想である。

こうした考え方は、学術を巨大な城のように見る世間の常識に反するかもしれない。また、一部の人たちからは、学術の権威をおとすものと非難されるかもしれない。しかし、それはいずれも学術の新しい在り方を解しないものといわざるをえない。

学術は、まず魔術への挑戦から始まった。やがて、いわゆる常識をつぎつぎに改めていった。学術の権威は、幾百年、幾千年にわたる、苦しい戦いの成果である。こうしてきずきあげられた城が、一見して近づきがたいものにうつるのは、そのためである。しかし、学術の権威を、その形の上だけで判断してはならない。その生成のあとをかえりみれば、その根は常に人々の生活の中にあった。学術が大きな力たりうるのはそのためであって、生活をはなれた学術は、どこにもない。

開かれた社会といわれる現代にとって、これはまったく自明である。生活と学術との間に、もし距離があるとすれば、何をおいてもこれを埋めねばならない。もしこの距離が形の上の迷信からきているとすれば、その迷信をうち破らねばならぬ。

学術文庫は、内外の迷信を打破し、学術のために新しい天地をひらく意図をもって生まれた。文庫という小さい形と、学術という壮大な城とが、完全に両立するためには、なおいくらかの時を必要とするであろう。しかし、学術をポケットにした社会が、人間の生活にとってより豊かな社会であることは、たしかである。そうした社会の実現のために、文庫の世界に新しいジャンルを加えることができれば幸いである。

一九七六年六月

野間省一

自然科学

進化とはなにか
今西錦司著（解説・小原秀雄）

正統派進化論への疑義を唱える著者は名著『生物の世界』以来、豊富な踏査探検と卓抜な理論構成とで、〝今西進化論〟を構築してきた。ここにはダーウィン進化論を凌駕する今西進化論の基底が示されている。

1

鏡の中の物理学
朝永《ともなが》振一郎《しんいちろう》著（解説・伊藤大介）

〝鏡のなかの世界と現実の世界との関係は……〟この身近な現象が高遠な自然法則を解くカギになる。科学と量子力学の基礎を、ノーベル賞に輝く著者が一般読者のために平易な言葉とユーモアをもって語る。

31

目に見えないもの
湯川秀樹著（解説・片山泰久）

初版以来、科学を志す多くの若者の心を捉えた名著。自然科学的なものの見方、考え方を誰にもわかる平易な言葉で語る珠玉の小品。真実を求めての終りなき旅に立った著者の研ぎ澄まされた知性が光る。

94

物理講義
湯川秀樹著

ニュートンから現代素粒子論までの物理学の展開を、歴史上の天才たちの人間性にまで触れながら興味深く語った名講義の全録。また、博士自身が学生時代の勉強法を随所で語るなど、若い人々の必読の書。

195

からだの知恵 この不思議なはたらき
W・B・キャノン著／舘 鄰・舘 澄江訳（解説・舘 鄰）

生物のからだは、つねに安定した状態を保つために、さまざまな自己調節機能を備えている。本書は、これをひとつのシステムとしてとらえ、ホメオステーシスという概念をはじめて樹立した画期的な名著。

320

植物知識
牧野富太郎著（解説・伊藤 洋）

本書は、植物学の世界的権威が、スミレやユリなどの身近な花と果実二十二種に図を付して、平易に解説したもの。どの項目から読んでも植物に対する興味がわき、楽しみながら植物学の知識が得られる。

529

《講談社学術文庫　既刊より》

自然科学

村上陽一郎著
近代科学を超えて
クーンのパラダイム論をふまえた科学理論発展の構造を分析。科学の歴史的考察と構造論的考察から、科学史と科学哲学の交叉するところに、科学の進むべき新しい道をひらいた気鋭の著者の画期的科学論である。

764

森　毅著
数学の歴史
数学はどのように生まれどう発展してきたか。数学史を単なる記号や理論の羅列とみなさず、あくまで人間の文化的な営みの一分野と捉えてその歩みを辿る。知的な挑発に富んだ、歯切れのよい万人向けの数学史。

844

森　毅著（解説・野崎昭弘）
数学的思考
「数学のできる子は頭がいい」か、それとも「数学などやる人間は頭がおかしい」か。ギリシア以来の数学的思考の歴史を一望。現代数学・学校教育の歪みを一刀両断。数学迷信を覆し、真の数理的思考を提示。

979

森　毅著（解説・村上陽一郎）
魔術から数学へ
西洋に展開する近代数学の成立劇。小数はどのように生まれたか、対数は、微積分は？　宗教戦争と錬金術が猖獗を極める十七世紀ヨーロッパでガリレイ、デカルト、ニュートンが演ずる数学誕生の数奇な物語。

996

池田清彦著
構造主義科学論の冒険
旧来の科学的真理を問直す卓抜な現代科学論。科学理論を唯一の真理として、とめどなく巨大化し、環境破壊などの破滅的状況をもたらした現代科学。多元主義にもとづく科学の未来を説く構造主義科学論の全容。

1332

杉田玄白著／酒井シヅ現代語訳（解説・小川鼎三）
新装版解体新書
日本で初めて翻訳された解剖図譜の現代語訳。オランダの解剖図譜『ターヘル・アナトミア』を玄白らが翻訳。日本における蘭学興隆のきっかけをなし、また近代医学の足掛りとなった古典的名著。全図版を付す。

1341

自然科学

生命の劇場
J・v・ユクスキュル著／入江重吉・寺井俊正訳

ダーウィニズムと機械論的自然観に覆われていた二〇世紀初頭、人間中心の世界観を退けて、著者が提唱した「環世界」とは何か。その後の動物行動学や哲学、生命論に影響を及ぼした、今も新鮮な生物学の古典。

2098

ヒトはなぜ眠るのか
井上昌次郎著

進化の過程で睡眠は大きく変化した。肥大した脳は、ノンレム睡眠を要求する。睡眠はなぜ快いのか？　子供の快眠と老人の不眠、睡眠と冬眠の違い、短眠者と長眠者の謎……。最先端の脳科学で迫る睡眠学入門！

2131

地形からみた歴史　古代景観を復原する
日下雅義著

「地震」「水害」「火山」「台風」……。自然と人間によって、大地は姿を変える。「津」「大溝」「池」……。『記紀』『万葉集』に登場する古日本の姿を、航空写真、地形図、遺跡、資料を突合せ、精確に復原する。

2143

地下水と地形の科学　水文学入門
榧根　勇著

三次元空間を時間とともに変化する四次元現象である地下水流動を可視化する水文学。地下水の容器としての不均質で複雑な地形と地質を解明した地下水学は、環境問題にも取り組み、自然と人間の関係を探究する。

2158

パラダイムと科学革命の歴史
中山　茂著

科学とは社会的現象である。ソフィストや諸子百家の時代から現代のデジタル化まで、科学史の第一人者による「学問の歴史」。新たなパラダイムが生まれ、科学者集団が学問的伝統を形成していく過程を解明。

2175

「ものづくり」の科学史　世界を変えた《標準革命》
橋本毅彦著

「標準」を制するものが、「世界」を制する！　標準化は製造の一大革命であり、近代社会の基盤作りだった。A4、コンテナ、キーボード……。今なお進行中の人類最大のプロジェクト＝標準化のドラマを読む。

2187

自然科学

尾本恵市著
ヒトはいかにして生まれたか 遺伝と進化の人類学
人類は、いつ類人猿と分かれたのか。ヒトが直立二足歩行を始めた時、DNAのレベルでは何が起こっていたのか。遺伝学の成果を取り込んでやさしく語る、人類誕生の道のり。文理融合の「新しい人類学」を提唱。
2288

矢野健太郎著（解説・茂木健一郎）
数学の考え方
数学とは人類の経験の集積である。ものの見方、考え方の歴史としてその道程を振り返るとき、眼前には見たことのない「風景」が広がるだろう。数えることから現代数学までを鮮やかにつなぐ、数学入門の金字塔。
2315

J・C・マクローリン著・画／澤﨑　坦訳（解説・今泉吉晴）
イヌ どのようにして人間の友になったか
アメリカの動物学者でありイラストレーターでもある著者が、人類とオオカミの子孫が友として同盟を結ぶまでの進化の過程を、一〇〇点以上のイラストと科学的推理をまじえてやさしく物語る。犬好き必読の一冊。
2346

木村俊一著
天才数学者はこう解いた、こう生きた 方程式四千年の歴史
ピタゴラス、アルキメデス、デカルト……天才の発想と生涯に仰天！　古代バビロニアの60進法からヒルベルトの「二〇世紀中に解かれるべき二三の問題」まで、数学史四千年を一気に読みぬく痛快無比の数学入門。
2360

チャールズ・ダーウィン著／長谷川眞理子訳・解説
人間の由来（上）（下）
『種の起源』から十年余、ダーウィンは初めて人間の由来と進化を本格的に扱った。昆虫、魚、両生類、爬虫類、鳥、哺乳類から人間への進化を「性淘汰」で説明。我々はいかにして「下等動物」から生まれたのか。
2370・2371

ガリレオ・ガリレイ著／伊藤和行訳
星界の報告
月の表面、天の川、木星……。ガリレオにしか作れなかった高倍率の望遠鏡に、宇宙は新たな姿を見せた。その衝撃は、伝統的な宇宙観の破壊をもたらすことになる。人類初の詳細な天体観測の記録が待望の新訳！
2410

自然科学

雨の科学
武田喬男著（解説・藤吉康志）

雲から雨が降るのは、奇跡的な現象だ。最大半径三ミリ、秒速九メートルの水滴が見せてくれる地球の不思議。雲粒のでき方から、多発する集中豪雨のメカニズム、人工降雨の可能性まで、やさしく奥深く解説する。

2553

漢方医学　「同病異治」の哲学
渡辺賢治著

二〇〇種の漢方生薬は、どうして効くのか。同じ病名でも人によって治療が異なる「同病異治」の哲学とはいったい何か？　東洋の哲学と西洋医学を融合させた、日本漢方。その最新研究と可能性を考察する。

2574

西洋占星術史　科学と魔術のあいだ
中山　茂著（解説・鏡リュウジ）

「星占い」の起源には紀元前一〇世紀頃、現在のバグダッド南方に位置するバビロニアで生まれた技法がある。紆余曲折を経ながら占星術がたどってきた長大な道のりを描く、コンパクトにして壮大な歴史絵巻。

2580

脳とクオリア　なぜ脳に心が生まれるのか
茂木健一郎著

ニューロン発火がなぜ「心」になるのか？「私が私であることの不思議」、意識の謎に正面から挑んだ、茂木健一郎の核心！　人工知能の開発が進み人工意識が現実的に議論される時代にこそ面白い一冊！

2586

形を読む　生物の形態をめぐって
養老孟司著

生物の「形」が含む「意味」とは何か？　解剖学、生理学、哲学、美術……古今の人間の知見を豊富に使って繰り広げられる、スリリングな形態学総論！　形を読むことは、人間の思考パターンを読むことである。

2600

暦と占い　秘められた数学的思考
永田　久著

古代ローマ、中国の八卦から現代のグレゴリオ暦まで古今東西の暦を読み解き、数の論理で暦と占いのつながりを明らかにする。伝承、神話、宗教に迷信や権力欲も取り込んだ知恵の結晶を概説する、蘊蓄満載の科学書。

2605

哲学・思想・心理

現象学
新田義弘著（解説・田口　茂）

現象学——。経験のなかに知識の原理として機能する原型を探るこの思想を、フッサールの哲学を原テクストに則して問いなおし、現象学の基本的事象とその本質を解明する。斯界の泰斗の思索が結晶した珠玉の書。

2153

カント「視霊者の夢」
金森誠也訳（解説・三浦雅士）

霊界は空想家がでっち上げた楽園である——。同時代の神秘思想家スヴェーデンボリの「視霊現象」を徹底検証し、哲学者として人間の「霊魂」に対する見解を示す。『純粋理性批判』へのステップとなった重要著作。

2161

京都の平熱　哲学者の都市案内
鷲田清一著（解説・佐々木幹郎）

〈聖〉〈性〉〈学〉〈遊〉が入れ子となって都市の記憶を溜めこんだ路線、京都市バス二〇六番に乗った哲学者の視線は、生まれ育った街の陰と襞を追う——。「あっち」の世界への孔がいっぱいの「きょうと」のからくり。

2167

王陽明「伝習録」を読む
吉田公平著

心即理、知行合一、致良知。朱子学を批判的に継承し、実践的儒学として結実した陽明学。原典に語釈と現代語訳を施した原典に即し、良知心学が掲げる人間救済と理想の王国、聖人の道を説く、陽明学の精髄に迫る。

2172

道徳感情論
アダム・スミス著／高　哲男訳

『国富論』に並ぶスミスの必読書が、読みやすい訳文で登場！「共感」をもベースに、個人の心に「義務」「道徳」が確立される、新しい社会と人間のあり方を探り、「調和ある社会の原動力」を解明した必読書！

2176

ウィトゲンシュタインの講義　ケンブリッジ1932-1935年
アリス・アンブローズ編／野矢茂樹訳

規則はいかにしてゲームの中に入り込むのか。言語、意味、規則といった主要テーマを行きつ戻りつ考察。「言語ゲーム」論が熟していく中期から後期に到る、ウィトゲンシュタインの生々しい哲学の現場を読む。

2196

中沢新一著
バルセロナ、秘数3
秘数3と秘数4の対立が西欧である。3は、結婚とエロティシズムの数であり、運動を生み出し、世界を作る。4は3が作り出した世界に、正義と真理、均衡を与える。3と4の闘争に調和を取り戻す幸福の旅行記。

2223

小泉義之著
デカルト哲学
デカルトは、彼以前なら「魂」と言われ、以後なら「主観」と言われるところを「私」と語ることによって画期的な哲学を切りひらいた。あらゆる世俗の思想を根こそぎにし、「賢者の倫理」に至ろうとした思索の全貌。

2231

木田　元著
わたしの哲学入門
古代ギリシア以来の西洋哲学の根本問題「存在とは何か」。中世〜近代に通底する「作られてあり現前する」という伝統的存在概念は、ニーチェ、ハイデガーにより見直されることになる。西洋形而上学の流れを概観。

2232

池田知久訳注
荘子（上）（下）全訳注
「胡蝶の夢」「朝三暮四」「知魚楽」「万物斉同」「庖丁解牛」「無用の用」……。宇宙論、政治哲学、人生哲学まで、森羅万象を説く、深遠なる知恵の泉である。達意の訳文と丁寧な解説で読解・熟読玩味する決定版！

2237・2238

高田珠樹著
ハイデガー　存在の歴史
現代の思想を決定づけた『存在と時間』はどこへ向けて構想されたか。存在論の歴史を解体・破壊し、根源的な存在の経験を取り戻すべく、「在る」ことを探究したハイデガー。その思想の生成過程と精髄に迫る。

2261

ヴィクトール・E・フランクル著／中村友太郎訳（解説・諸富祥彦）
生きがい喪失の悩み
どの時代にもそれなりの神経症があり、またそれなりの精神療法を必要としている——。世界的ベストセラー『夜と霧』で知られる精神科医が看破した現代人の病理。底知れない無意味感＝実存的真空の正体とは？

2262